Equações Diferenciais Ordinárias

Jorge Sotomayor

IME – *Instituto de Matemática e Estatística*
USP – *Universidade de São Paulo*

Editora Livraria da Física
São Paulo — 2011

Copyright © 2011 Editora Livraria da Física

1a. Edição

Editor: José Roberto Marinho
Projeto gráfico e diagramação: Casa Editorial Maluhy & Co.
Capa: Typodesign

Texto em conformidade com as novas regras ortográficas do Acordo da Língua Portuguesa.

Dados Internacionais de Catalogação na Publicação (CIP)
(Câmara Brasileira do Livro, SP, Brasil)

Sotomayor, Jorge
   Equações diferenciais ordinárias / Jorge Sotomayor. – São Paulo : Editora Livraria da Física, 2011. – (Coleção textos universitários do IME - USP ; v. 3)

   Bibliografia
   ISBN 978-85-7861-118-7

   1. Álgebra linear 2. Equações diferenciais I. Título. II. Série.

11-12878   CDD-151.35

Índices para catálogo sistemático:
1. Equações diferenciais : Análise matemática   515.35

ISBN 978-85-7861-118-7

Todos os direitos reservados. Nenhuma parte desta obra poderá ser reproduzida sejam quais forem os meios empregados sem a permissão da Editora. Aos infratores aplicam-se as sanções previstas nos artigos 102, 104, 106 e 107 da Lei n. 9.610, de 19 de fevereiro de 1998.

Impresso no Brasil
Printed in Brazil

Editora Livraria da Física
Tel./Fax: +55 11 3459-4327 / 3936-3413
www.livrariadafisica.com.br

Instituto de
Matemática e Estatística
USP

Sumário

Prefácio, 1

Introdução, 3

Capítulo 1 – Existência e unicidade de soluções, 7
1 – Preliminares, 7
2 – O problema de Cauchy, 9
3 – Exemplos, 10
4 – Teoremas de Picard e de Peano, 15
5 – Soluções máximas, 20
6 – Sistemas e equações diferenciais de ordem superior, 22
7 – Exercícios, 25

Capítulo 2 – Equações Diferenciais Lineares, 37
1 – Preliminares, 37
2 – Propriedades gerais, 38
3 – Equações lineares com coeficientes constantes, 45
4 – Sistemas bidimensionais simples, 53
5 – Conjugação de sistemas lineares, 57
6 – Classificação dos sistemas lineares hiperbólicos, 65
7 – Sistemas lineares complexos, 69
8 – Oscilações mecânicas e elétricas, 71
9 – Exercícios, 75

Capítulo 3 – Teoria Qualitativa das EDOs: Aspectos Gerais, 89
1 – Campos vetoriais e fluxos, 90
2 – Diferenciabilidade dos fluxos de campos vetoriais, 93
3 – Retrato de fase de um campo vetorial, 99
4 – Equivalência e conjugação de campos vetoriais, 102
5 – Estrutura local dos pontos singulares hiperbólicos, 106
6 – Estrutura local de órbitas periódicas, 108
7 – Fluxos lineares no toro, 113
8 – Exercícios, 115

Capítulo 4 – Teorema de Poincaré - Bendixson, 131

1 – Conjuntos α-limite e ω-limite de uma órbita, 131

2 – O Teorema de Poincaré-Bendixson, 136

3 – Aplicações, 142

4 – Exercícios, 145

Capítulo 5 – Estabilidade no sentido de Liapounov, 157

1 – Estabilidade de Liapounov, 157

2 – O Critério de Liapounov, 161

3 – Teorema de Cetaev , 164

4 – Exercícios, 166

Referências Bibliográficas, 171

Índice remissivo, 173

Prefácio

Este livro desenvolve a Teoria das Equações Diferenciais Ordinárias. Isto é, aborda o estudo das propriedades gerais das funções que são soluções deste tipo de equações, a partir de hipóteses amplas sobre as funções que as definem. Usam-se recursos da Análise Matemática Clássica e da Álgebra Linear, sem recorrer necessariamente à forma particular das equações.

A Teoria das Equações Diferenciais Ordinárias se distingue tanto por sua riqueza de ideias e métodos como por sua aplicabilidade. O leitor obterá de seu estudo uma experiência de grande valor formativo. Terá a oportunidade de integrar, num único corpo, os fundamentos da Análise Matemática Clássica, Álgebra Linear e Elementos de Topologia, disciplinas amiúde apresentadas isoladamente.

Os três primeiros capítulos, devotados respectivamente à Existência e Unicidade, às Equações Lineares e à Teoria Qualitativa, são basicamente autossuficientes e podem ser abordados diretamente. Ao nosso ver, estes enfoques independentes dão uma visão mais ampla dos métodos disponíveis.

Todos os capítulos contém exercícios propostos. Quando não rotineiros, estes representam complementos, aplicações ou abordagens diferentes para a teoria; algumas vezes, eles visam fornecer informações sobre assuntos correlatos importantes que não foram tratados com plenitude no texto. Recomendamos ao leitor abordar e pensar em todos os exercícios propostos. Quase sempre incluímos sugestões para aqueles menos imediatos.

Esta é uma versão abreviada e revista de parte do já esgotado "Lições de Equações Diferenciais Ordinárias" [23]. Ela contém os assuntos mais estudados na maioria dos cursos de mestrado e início de doutorado em prestigiosos centros de pós-graduação no Brasil.

À lista de agradecimentos de [23], devemos acrescentar com prazer os nomes de Ronaldo A. Garcia, Daniel C. Panazzolo, Luis F. Mello, Anderson L. Maciel e

Mariana S. V. Garcia pela invalorável ajuda prestada na diagramação, arte gráfica e revisão da edição deste texto.

A conclusão deste trabalho teve o apoio da FAPESP, Processo 2008/02841-4, e do CNPq, Processo 476672/2009-0.

Jorge Sotomayor
São Paulo, fevereiro de 2011.

Introdução

Uma equação da forma $F(t, x, x^{(1)}, x^{(2)}, \ldots, x^{(n)}) = 0$, onde a incógnita x é funçção de uma variável, chama-se equação diferencial ordinária. Muitas das leis gerais da Física, Biologia e Economia, entre outras Ciências, encontram sua expressão geral nestas equações. Por outro lado, inúmeras questões dentro da própria Matemática (por exemplo na Geometria Diferencial e no Cálculo de Variações) formuladas convenientemente se reduzem a estas equações.

As equações diferenciais evoluíram dos métodos do Cálculo Diferencial e Integral, descobertos por Newton e Leibnitz, e elaborados no último quarto do século XVII para resolver problemas motivados por considerações de natureza física ou geométrica. Estes métodos conduziram gradualmente à consolidação de um novo ramo da Matemática, que a meados do século XVIII transformou–se uma disciplina independente.

Neste estágio, a procura e análise de soluções tornou-se uma finalidade própria. Também nesta época ficaram conhecidos os métodos elementares de resolução – integração – de vários tipos especiais de equações diferenciais, entre elas as de *variáveis separáveis* ($x' = f(t)g(x)$), as *lineares* ($x' = a(t)x + b(t)$), as *de Bernoulli* ($x' = p(x) + q(t)x''$), as *de Clairaut* ($f(x') + tx' = x$), as *de Riccati* ($x' = a_0(t) + a_1(t)x + a_2(t)x^2$), todas estudadas até nossos dias em cursos introdutórios.

A natureza daquilo que era considerado solução foi evoluindo gradualmente, num processo que acompanhou e, às vezes, propiciou o desenvolvimento do própio conceito de função. Inicialmente buscavam-se soluções expressas em termos de funções elementares: polinomiais, racionais, trigonométricas, exponenciais. Posteriormente, passou-se a considerar satisfatório expressar a solução em termos de uma integral – quadratura – contendo operações elementares envolvendo estas funções. Quando estes procedimentos deixaram de resolver os problemas focalizados, surgiram a soluções expressas por meio de séries infinitas (ainda sem a preocupação com a análise da convergência).

Em fins do século XVIII a Teoria das Equações Diferenciais se transformou numa das disciplinas matemáticas mais importantes e o método mais efetivo para pesquisa científica. As contribuições de Euler, Lagrange, Laplace, entre outros, expandiram notavelmente o conhecimento dentro do Cálculo de Variações, Mecânica Celeste, Teoria das Oscilações, Elasticidade, Dinâmica dos Fluidos, etc.

No século XIX os fundamentos da Análise Matemática experimentaram uma revisão e reformulação gerais visando maior rigor e exatidão. Assim, os conceitos de limite, derivada, convergência de séries de funções e outros processos infinitos foram definidos em termos aritméticos. A integral, que no século anterior era concebida como primitiva (ou inversa da derivação), foi definida como limite de somas. Este movimento de fundamentação não deixou de atingir as equações diferenciais. Enquanto no século anterior procurava-se a solução geral para uma dada equação diferencial, passou-se a considerar como questão prévia em cada problema a existência e unicidade de soluções satisfazendo dados iniciais. Este é o Problema de Cauchy, ponto no qual o presente livro se inicia.

O capítulo 1 estuda o Problema de Cauchy e questões correlatas.

O capítulo 2 aborda as propriedades básicas dos sistemas de equações diferenciais lineares, classe para a qual um conhecimento bastante completo é possível.

Um marco de referência fundamental na evolução das equações é o trabalho de Poincaré *Mémoire sur les courbes définies par une équation differentielle*, de 1881, no qual são lançadas as bases da Teoria Qualitativa das Equações Diferenciais. Esta teoria visa a descrição global das soluções e o efeito nelas de pequenas perturbações das condições iniciais e de parâmetros.

Os capítulos 3, 4 e 5 são devotados respectivamente aos fundamentos da Teoria Qualitativa das Equações Diferenciais, ao Teorema de Poincaré – Bendixson e a Estabilidade de Liapounov.

Os capítulos que seguem cobrem boa parte dos assuntos clássicos de equações diferenciais que tem conservado atualidade por sua aplicabilidade e interesse teórico. Eles formam um subconjunto próprio do já esgotado e mais abrangente "Lições" [23]. Esta seleção obedece à possibilidade da leitura da presente versão ser completada num curso semestral.

Numerosos caminhos promissores se abrem a partir dos passos iniciais dados neste livro. Alguns foram abordados em Sotomayor [23] e em Dumortier, Artes e Llibre [6], outros, visando a dimensão superior, podem ser encontrados em Palis e Melo [17], assuntos de interesse para as aplicações podem ser vistos em Chicone [3]. Para um estudo inicial da estabilidade estrutural das equações diferenciais e de suas bifurcações (a quebra da estabilidade estrutural) recomendamos Andronov e Leontovich [1], Sotomayor [24] e Roussarie [20]. As relações entre a Geometria Clássica e as Equações Diferenciais podem ser estudadas em Sotomayor e Gutierrez [9] e Sotomayor e Garcia [8]. Citaremos aqui poucas obras de uma longa lista que evolui muito rapidamente e deve ser atualizada permanentemente. Por outro lado, o acesso à Internet possibilita dar os primeiros passos em línhas atuais de desenvolvimentos relacionados com as equações diferenciais e suas aplicações.

1
Existência e unicidade de soluções

Este capítulo introduz, de maneira precisa, os conceitos fundamentais da teoria das equações diferenciais ordinárias, iniciando o seu estudo. Assim, em vez de lidar com "equações que envolvem funções e suas derivadas" damos na seção 1 a definição de uma equação diferencial ordinária de primeira ordem

$$x' = f(t, x)$$

e do que vem a ser uma solução desta equação.

Na seção 2 formulamos o problema de Cauchy para a equação acima. Isto significa que dados t_0, x_0 fixos queremos saber se existe alguma solução da equação que no ponto t_0 assume o valor x_0 e se essa solução é única. O problema de Cauchy com condição inicial (t_0, x_0) é denotado abreviadamente por

$$x' = f(t, x), \quad x(t_0) = x_0.$$

Na seção 3 discutimos alguns casos elementares de existência e unicidade do problema de Cauchy, entre os quais estão o de variáveis separáveis e o linear.

O estudo geral do problema de Cauchy é feito na seção 4. Aí é provado o teorema de Picard que garante a existência e unicidade com condições bastante gerais em f. Por exemplo, basta que f e $\frac{\partial f}{\partial x}$ sejam contínuas. Provamos também o teorema de Peano que afirma que mesmo que f seja apenas contínua, a equação diferencial que ela define admite pelo menos uma solução. Neste caso porém a unicidade é, em geral, perdida.

Na seção 5 consideramos as soluções que não podem ser prolongadas, ou seja, as soluções máximas.

Na seção 6 definimos as equações de ordem superior e mostramos que seu estudo se reduz ao dos sistemas de equações de primeira ordem.

1. Preliminares

Sejam Ω um subconjunto aberto do espaço $\mathbb{R} \times \mathbb{E}$, onde $\mathbb{R}$ é a reta real e $\mathbb{E} = \mathbb{R}^n$ um espaço euclidiano n-dimensional. Um ponto de $\mathbb{R} \times \mathbb{E}$ será denotado por (t, x), $t \in \mathbb{R}$ e $x = (x_1, x_2, \ldots, x_n)$ em $\mathbb{E}$; salvo menção em contrário, adotaremos em $\mathbb{R} \times \mathbb{E}$

8   EQUAÇÕES DIFERENCIAIS ORDINÁRIAS — *Jorge Sotomayor*

a norma: $|(t,x)| = \max\{|t|,|x|\}$, onde $|x|$ denota uma norma em $\mathbb{E}$, por exemplo $|x| = \sqrt{x_1^2 + x_2^2 + \cdots + x_n^2}$ ou $|x| = \max\{|x_1|,\ldots,|x_n|\}$ ou ainda $|x| = |x_1| + \cdots + |x_n|$.

Seja $f : \Omega \to \mathbb{E}$ uma aplicação contínua e seja I um intervalo não degenerado na reta, isto é, um subconjunto conexo de $\mathbb{R}$ não reduzido a um ponto. O intervalo I pode ser fechado, aberto, semiaberto, limitado ou não.

DEFINIÇÃO 1.1

Uma função diferenciável $\varphi : I \to \mathbb{E}$ chama-se *solução* da equação

$$\frac{dx}{dt} = f(t,x) \tag{1.1}$$

no intervalo I se:

(i) o gráfico de φ em I, isto é, $\{(t,\varphi(t)); t \in I\}$ está contido em Ω e

(ii) $\frac{d\varphi}{dt}(t) = f(t,\varphi(t))$ para todo $t \in I$. Se t é um ponto extremo do intervalo, a derivada é a derivada lateral respectiva.

A equação (1.1) chama-se *equação diferencial ordinária de primeira ordem* e é denotada abreviadamente por

$$x' = f(t,x).$$

Sejam $f_i : \Omega \to \mathbb{R}$, $i = 1,\ldots,n$ as componentes de f; $\varphi = (\varphi_1,\ldots,\varphi_n)$ com $\varphi_i : I \to \mathbb{R}$ é uma solução de (1.1) se, e somente se, cada φ_i é diferenciável em I, $(t,\varphi_1(t),\ldots,\varphi_n(t)) \in \Omega$ para todo $t \in I$ e

$$\begin{cases} \dfrac{d\varphi_1}{dt}(t) = f_1(t,\varphi_1(t),\ldots,\varphi_n(t)) \\[2mm] \dfrac{d\varphi_2}{dt}(t) = f_2(t,\varphi_1(t),\ldots,\varphi_n(t)) \\[2mm] \quad\vdots \\[2mm] \dfrac{d\varphi_n}{dt}(t) = f_n(t,\varphi_1(t),\ldots,\varphi_n(t)) \end{cases} \tag{1.1'}$$

para todo $t \in I$.

Por esta razão diz-se que a equação diferencial "vetorial" (1.1) é equivalente ao sistema de equações diferenciais escalares

$$\frac{dx_i}{dt} = f_i(t,x_1,\ldots,x_n), \quad i = 1,\ldots,n. \tag{1.1''}$$

2. O problema de Cauchy

Consideremos inicialmente dois exemplos.

(1) $\Omega = I \times \mathbb{R}$, $f(t,x) = g(t)$, onde g é uma função contínua no intervalo I; φ é uma solução de $x' = g(t)$ em I se, e somente se, $\varphi(t) = c + \int_{t_0}^{t} g(s)ds$ onde $t_0 \in I$ e c é uma constante.

(2) $\Omega = \mathbb{R}^2$, $f(t,x) = 3x^{2/3}$. Para todo $c \in \mathbb{R}$ a função $\varphi_c : \mathbb{R} \to \mathbb{R}$ dada por

$$\varphi_c(t) = \begin{cases} (t-c)^3, & t \geq c \\ 0, & t \leq c \end{cases}$$

é uma solução da equação $x' = 3x^{2/3}$ em $I = \mathbb{R}$, como se vê por verificação direta das condições (i) e (ii) da definição 1.1.

Mas a função constante $\varphi = 0$ também é solução desta equação. Ver Figura 1.1

Estes exemplos ilustram o fato de que as equações diferenciais possuem em geral uma infinidade de soluções. Porém, no exemplo 1, por cada ponto de Ω passa uma única solução; isto é, dado $(t_0, x_0) \in \Omega$ existe uma única solução φ tal que $\varphi(t_0) = x_0$.

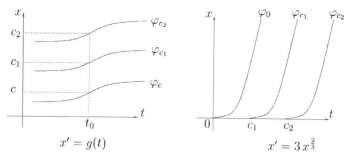

Fig. 1.1 *Exemplos: (1) à esquerda; (2) à direita*

O mesmo não acontece no exemplo 2; neste caso para cada ponto da forma $(t_0, 0)$ existe uma infinidade de soluções passando por ele. Sob hipóteses bem gerais sobre f – por exemplo, se f e $\frac{\partial f}{\partial x}$ são contínuas em Ω – existe uma, e só uma, solução de (1.1) num intervalo que contém t_0 e tal que $\varphi(t_0) = x_0$. Uma tal φ será chamada de *solução do problema com dados iniciais* (t_0, x_0) para a equação (1.1). Este problema é também conhecido como *problema de Cauchy* e será denotado abreviadamente por

$$x' = f(t,x), \quad x(t_0) = x_0. \tag{1.2}$$

OBSERVAÇÃO:
A equação (1.2) é equivalente à equação integral

$$x(t) = x_0 + \int_{t_0}^{t} f(s, x(s)) ds. \qquad (1.3)$$

Isto é, se $t_0 \in I$, uma função contínua $\varphi : I \to \mathbb{E}$ cujo gráfico está contido em Ω é solução de (1.3) se, e só se, é solução de (1.2). Isto decorre do Teorema Fundamental do Cálculo.

A equação (1.1) (ou (1.2)) admite a seguinte interpretação geométrica, ilustrada na Figura 1.2.

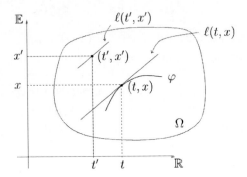

Fig. 1.2 *Interpretação geométrica*

A função f define em Ω um campo de direções. Isto é, associa cada ponto (t, x) à reta

$$\ell(t, x) : \xi - x = f(t, x)(\tau - t)$$

de "declividade" $f(t, x)$ que passa por (t, x). A equação (1.1) (ou (1.2)) coloca o problema de achar (se existirem) as curvas passando por (t_0, x_0), cujas retas tangentes em cada ponto coincidem com as dadas pelo campo de direções.

3. Exemplos

Discutimos a seguir quatro exemplos elementares de existência e unicidade de soluções para o problema de Cauchy que admitem um tratamento direto.

EXEMPLO 1.2 Equações autônomas.
Seja $\Omega = \mathbb{R} \times (a_1, a_2)$ e $f(t, x) = f(x)$. Supomos que f é contínua e não se anula em (a_1, a_2). Dados $x_0 \in (a_1, a_2)$ e $t_0 \in \mathbb{R}$, calculemos a solução para o problema de Cauchy

$$x' = f(x), \quad x(t_0) = x_0. \qquad (1.4)$$

Se φ é uma solução de (1.4), então

$$\varphi'(t) = f(\varphi(t)) \quad \text{e} \quad \varphi(t_0) = x_0, \tag{1.5}$$

donde segue-se

$$\frac{\varphi'(t)}{f(\varphi(t))} = 1. \tag{1.6}$$

Se $F : (a_1, a_2) \to \mathbb{R}$ é dada por

$$F(x) = \int_{x_0}^{x} \frac{d\xi}{f(\xi)},$$

vê-se que $F'(x) = \frac{1}{f(x)} \neq 0$ em (a_1, a_2), provando que F é inversível e aplica (a_1, a_2) num intervalo (b_1, b_2) onde F^{-1} está definida.

De (1.5) e (1.6) resulta que

$$1 = \frac{\varphi'(t)}{f(\varphi(t))} = F'(\varphi(t))\varphi'(t),$$

ou seja,

$$(F \circ \varphi)'(t) = 1.$$

Integrando ambos os lados entre t_0 e t obtemos

$$F(\varphi(t)) - F(\varphi(t_0)) = t - t_0$$

e como $F(\varphi(t_0)) = 0$,

$$F(\varphi(t)) = t - t_0.$$

Logo, a solução de (1.4) é dada por

$$\varphi(t) = F^{-1}(t - t_0), \quad t \in (t_0 + b_1, t_0 + b_2).$$

Vê-se facilmente que esta é a única solução.

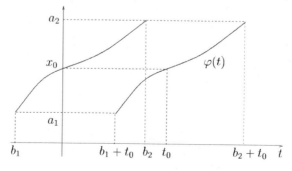

Fig. 1.3 *Ilustração do Exemplo 1.2*

12   EQUAÇÕES DIFERENCIAIS ORDINÁRIAS — *Jorge Sotomayor*

Compare este exemplo com o exemplo 2 da seção 2, onde não existe unicidade de soluções e com a equação do tipo $x' = g(t)$ apresentada no exemplo 1 da seção 2.

Note também que $\frac{dt}{dx} = \frac{1}{f(x)}$, que é deste tipo, tem soluções que são inversas das soluções de (1.4) e vice-versa.

EXEMPLO 1.3 Equações de variáveis separáveis.
Consideremos o problema de Cauchy

$$x' = g(t)f(x), \quad x(t_0) = x_0, \tag{1.7}$$

onde g e f são contínuas em intervalos abertos (t_1, t_2) e (a_1, a_2), respectivamente, e f não se anula em (a_1, a_2).

Procedendo como no exemplo anterior (que é o caso particular em que $g(t) \equiv 1$), se φ é solução de (1.7), obtemos

$$\varphi'(t) = g(t)f(\varphi(t)),$$

ou seja, definindo $F(x) = \int_{x_0}^{x} d\xi / f(\xi)$ obtemos,

$$g(t) = F'(\varphi(t))\varphi'(t) = (F \circ \varphi)'(t).$$

Integrando ambos os lados entre t_0 e t resulta

$$\gamma(t) = \int_{t_0}^{t} g(\tau)d\tau = F(\varphi(t))$$

e daí, no intervalo I contendo t_0 tal que $t \in I$ implica $b_1 < \int_{t_0}^{t} g(\tau)d\tau < b_2$, a solução é $\varphi(t) = F^{-1}\left(\int_{t_0}^{t} g(\tau)d\tau\right)$.

O leitor deve verificar que esta é a única solução de (1.7).

Observe que a solução obtida é dada implicitamente, para constantes de integração apropriadas, pela relação

$$\int g(t)dt = \int \frac{dx}{f(x)}$$

entre as integrais indefinidas.

EXEMPLO 1.4 Equações lineares.
Sejam $a(t)$ e $b(t)$ funções contínuas em (t_1, t_2) e consideremos o problema de Cauchy

$$x' = a(t)x + b(t), \quad x(t_0) = x_0. \tag{1.8}$$

CAPÍTULO 1 — EXISTÊNCIA E UNICIDADE DE SOLUÇÕES 13

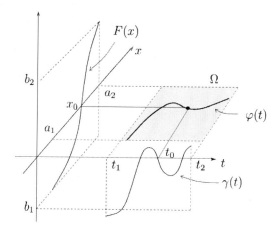

Fig. 1.4 Ilustração do Exemplo 1.3

Se $b \equiv 0$ esta equação chama-se homogênea e é do tipo de variáveis separáveis, vistas no exemplo anterior. Os casos $x < 0$ e $x > 0$ poderiam então ser analisados à luz do exemplo anterior. Preferimos porém seguir o método clássico de "variação de parâmetros", que é aplicável mesmo no caso não homogêneo.

Este método consiste em fazer a mudança de variáveis

$$x = c \exp\left[\int_{t_0}^{t} a(\tau) d\tau\right], \qquad (1.9)$$

que transforma (1.8) no problema

$$c' = b(t) \exp\left[-\int_{t_0}^{t} a(\tau) d\tau\right], \quad c(t_0) = x_0, \qquad (1.10)$$

cuja solução única é

$$\gamma(t) = x_0 + \int_{t_0}^{t} b(s) \exp\left[-\int_{t_0}^{s} a(\tau) d\tau\right] ds.$$

Logo, o problema de Cauchy (1.8) admite como única solução

$$\varphi(t) = \gamma(t) \exp\left[\int_{t_0}^{t} a(\tau) d\tau\right], \quad t \in (t_1, t_2).$$

Para ver qual é a mudança de variáveis que transforma (1.8) em (1.10), basta derivar (1.9) e substituir em $x' = a(t)x + b(t)$.

Obtemos então

$$c' \exp\left[\int_{t_0}^{t} a(\tau) d\tau\right] + ca(t) \exp\left[\int_{t_0}^{t} a(\tau) d\tau\right] = ca(t) \exp\left[\int_{t_0}^{t} a(\tau) d\tau\right] + b(t),$$

isto é,

$$c' = b(t)\exp\left[-\int_{t_0}^{t} a(\tau)d\tau\right].$$

O termo "variação de parâmetros" deriva do fato de $c(t) \equiv x_0$ no caso homogêneo.

Exemplo 1.5 Redução a uma equação linear complexa.
Consideremos agora um sistema de duas equações lineares e o problema de Cauchy

$$\begin{cases} x' = \alpha(t)x - \beta(t)y + \delta(t), \\ y' = \beta(t)x + \alpha(t)y + \eta(t), \\ x(t_0) = x_0, \ y(t_0) = y_0, \end{cases} \quad (1.11)$$

onde α, β, δ e η são funções contínuas num intervalo (t_1, t_2) que contém o ponto t_0.

Este problema não difere em seu tratamento formal do exemplo anterior. Introduzindo notação complexa, $z = x + iy$, $a(t) = \alpha(t) + i\beta(t)$ e $b(t) = \delta(t) + i\eta(t)$, vemos que (1.11) se escreve

$$z' = a(t)z + b(t), \ z(t_0) = z_0,$$

cuja única solução é, para $t \in (t_1, t_2)$,

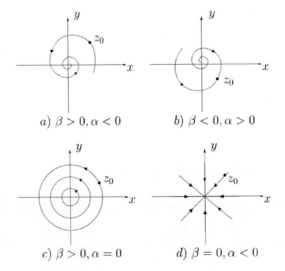

Fig. 1.5 Ilustração do Exemplo 1.5

$$\varphi(t) = \gamma(t) \exp\left[\int_{t_0}^{t} a(\tau)\mathrm{d}\tau\right],$$

onde $\gamma(t) = z_0 + \int_{t_0}^{t} b(s) \exp\left[-\int_{t_0}^{s} a(\tau)\mathrm{d}\tau\right]\mathrm{d}s$.

Ilustremos o caso homogêneo ($\delta \equiv \eta \equiv 0$), com coeficientes constantes ($\alpha(t) \equiv \alpha$ e $\beta(t) \equiv \beta$) e com $t_0 = 0$. Neste caso, $\varphi(t) = z_0 e^{\alpha t} e^{i\beta t}$. A figura 1.5 dá uma ideia das possibilidades para vários valores de α e β.

4. Teoremas de Picard e de Peano

Uma aplicação $f : \Omega \subseteq \mathbb{R} \times \mathbb{R}^n \to \mathbb{R}^n$ chama-se *Lipschitziana em Ω relativamente à segunda variável* ou, simplesmente, *Lipschitziana*, se existe uma constante K tal que

$$|f(t,x) - f(t,y)| \leq K|x - y|$$

para todos (t,x), $(t,y) \in \Omega$. Uma K nestas condições chama-se de constante de Lipschitz de f.

Por exemplo, se f admite derivada parcial em relação à segunda variável, $D_2 f$, com $\|D_2 f\| \leq K$ em Ω e $\Omega_t = \{x; (t,x) \in \Omega\}$ é um conjunto convexo para todo t, então f é Lipschitziana em Ω e K é sua constante de Lipschitz.

De fato, pelo teorema do valor médio,

$$|f(t,x) - f(t,y)| \leq \{\sup_{0 < \theta < 1} |D_2 f(t, \theta x + (1 - \theta)y)|\} |x - y| \leq K|x - y|.$$

A aplicação f diz-se localmente Lipschitziana em Ω se cada (t_0, x_0) tem uma vizinhança $V = V(t_0, x_0)$ tal que $f|V$ é Lipschitziana em V. Por exemplo, se f admite derivada parcial em relação à segunda variável, $D_2 f$, contínua em Ω, então f é localmente Lipschitziana em Ω. Isto resulta de se aplicar o argumento anterior a vizinhanças convexas V onde $D_2 f$ é limitada.

Lembramos a seguir o Lema da Contração e, principalmente, um corolário deste que será usado na demonstração do Teorema 1.8, abaixo.

Lema 1.6 Lema da Contração

Sejam (X, d) um espaço métrico completo e $F : X \to X$ uma contração, isto é, $d(F(x), F(y)) \leq Kd(x, y)$, $0 \leq K < 1$. Existe um único ponto fixo p, para F, isto é, $F(p) = p$. Mais ainda, p é um atrator de F, isto é, $F^n(x) \to p$ quando $n \to \infty$, para todo $x \in X$. $F^n(x)$ é definido por $F(F^{n-1}(x))$.

Demonstração

Unicidade: sejam p e p_1 dois pontos fixos.

$$d(p, p_1) = d(F(p), F(p_1)) \le Kd(p_1, p),$$

o que implica que $d(p, p_1) = 0$, donde $p_1 = p$.

Existência: sejam $x \in X$ e $x_n = F^n(x)$. Provaremos que $\{x_n\}$ é uma sequência de Cauchy. Realmente, $d(x_{n+r}, x_n) \le K^n d(x, x_r)$ e

$$d(x, x_r) \le d(x, F(x)) + d(F(x), F^2(x)) + \cdots + d(F^{r-1}(x), F^r(x))$$
$$\le (1 + K + K^2 + \cdots + K^{r-1})d(x, F(x)).$$

Portanto, $d(x_{n+r}, x_n) \le \frac{K^n}{1-K}d(x, F(x))$. Logo, $\{x_n\}$ é convergente. Provemos que $\lim x_n = p$ é ponto fixo de F. De fato:

$$F(p) = F(\lim x_n) = \lim F(x_n) = \lim x_{n+1} = p. \qquad \blacksquare$$

Corolário 1.7

Seja X um espaço métrico completo. Se $F : X \to X$ é contínua e, para algum m, F^m é uma contração, então existe um único ponto p fixo para F. Mais ainda, p é um atrator de F.

Demonstração

Seja p o ponto fixo atrator de F^m dado pelo Lema da Contração (Lema 1.6). Seja $n = mk + \ell$ com $0 \le \ell < m$. Dado $x \in X$, como p é atrator de F^m, temos (já que $\{F^\ell(x)\}$, $0 \le \ell < m$, é finito) $[F^m]^k(F^\ell(x)) \to p$, quando $k \to \infty$. Da relação $F^n(x) = [F^m]^k(F^\ell(x))$ e do fato que quando $n \to \infty$ tem-se $k \to \infty$, segue-se que $F^n(x) \to p$, quando $n \to \infty$, isto é, p é um atrator de F. Provaremos agora que $F(p) = p$. Com efeito,

$$p = \lim F^n(F(p)) = \lim F^{n+1}(p) = \lim F(F^n(p)) = F(\lim F^n(p)) = F(p). \qquad \blacksquare$$

Teorema 1.8 Teorema de Picard

Seja f contínua e Lipschitziana com relação à segunda variável em $\Omega = I_a \times B_b$, onde $I_a = \{t; |t - t_0| \le a\}$, $B_b = \{x; |x - x_0| \le b\}$. Se $|f| \le M$ em Ω, existe uma única solução de

$$x' = f(t, x), \quad x(t_0) = x_0$$

em I_α, onde $\alpha = \min\{a, b/M\}$.

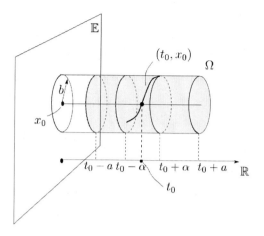

Fig. 1.6 Teorema de Picard

DEMONSTRAÇÃO

Seja $X = \mathscr{C}(I_\alpha, B_b)$ o espaço métrico completo das funções contínuas $\varphi : I_\alpha \to B_b$, com a métrica uniforme

$$d(\varphi_1, \varphi_2) = \sup_{t \in I_\alpha} |\varphi_1(t) - \varphi_2(t)|.$$

Para $\varphi \in X$, seja $F(\varphi) : I_\alpha \to \mathbb{E}$ definida por

$$F(\varphi)(t) = x_0 + \int_{t_0}^{t} f(s, \varphi(s)) ds, \quad t \in I_\alpha.$$

Assim a correspondência $\varphi \to F(\varphi)$ define uma função F com as seguintes propriedades:

(1) $F(X) \subset X$;

(2) F^n é uma contração, para n suficientemente grande.

Ou seja, $F : X \to X$ é uma função tal que F^n é uma contração.
De fato, para todo $t \in I_\alpha$,

$$|F(\varphi)(t) - x_0| = \left| \int_{t_0}^{t} f(s, \varphi(s)) ds \right| \leq M\alpha \leq b.$$

Isto prova (1). Quanto a (2), para todo par $\varphi_1, \varphi_2 \in X$ e todo $n \geq 0$,

$$|F^n(\varphi_1)(t) - F^n(\varphi_2)(t)| \leq \frac{K^n |t - t_0|^n}{n!} d(\varphi_1, \varphi_2), \quad t \in I_\alpha, \qquad (*)$$

18 EQUAÇÕES DIFERENCIAIS ORDINÁRIAS — *Jorge Sotomayor*

onde K é a constante de Lipschitz de f. Verificamos esta desigualdade por indução em n. Para $n = 0$ ela é óbvia. Suponhamos que é válida para k. Então,

$$|F^{k+1}(\varphi_1)(t) - F^{k+1}(\varphi_2)(t)| = |F(F^k(\varphi_1))(t) - F(F^k(\varphi_2))(t)|$$

$$\leq \left| \int_{t_0}^{t} |f(s, F^k(\varphi_1)(s)) - f(s, F^k(\varphi_2)(s))| \mathrm{d}s \right|$$

$$\leq \left| \int_{t_0}^{t} K |F^k(\varphi_1)(s) - F^k(\varphi_2)(s)| \mathrm{d}s \right|$$

$$\leq K \left| \int_{t_0}^{t} \frac{K^k(s - t_0)^k}{k!} d(\varphi_1, \varphi_2) \mathrm{d}s \right| = \frac{K^{k+1}|t - t_0|^{k+1}}{(k+1)!} d(\varphi_1, \varphi_2).$$

Portanto, $d(F^n(\varphi_1), F^n(\varphi_2)) \leq \frac{K^n \alpha^n}{n!} d(\varphi_1, \varphi_2)$ e, para n grande, $K^n \alpha^n / n! < 1$, pois este é o termo geral de uma série cuja soma é $e^{K\alpha}$, donde F^n é uma contração em X. Pelo corolário do Lema da Contração, existe uma única $\varphi \in X$ tal que $F(\varphi) = \varphi$. De fato, o ponto fixo φ é de classe C^1 e isto prova o teorema de Picard. ∎

COROLÁRIO 1.9
Seja Ω aberto em $\mathbb{R} \times \mathbb{E}$ e seja $f : \Omega \to \mathbb{E}$ contínua com $D_2 f$ também contínua. Para todo ponto (t_0, x_0) em Ω existe uma vizinhança $V = I(t_0) \times B(x_0)$ tal que $x' = f(t, x)$, $x(t_0) = x_0$, tem uma única solução em $I(t_0)$. Além disso, o gráfico desta solução está contido em V.

DEMONSTRAÇÃO
Seja U uma vizinhança de (t_0, x_0) tal que $f|U$ é Lipschitziana e $|f| \leq M$ em U. Seja $\alpha > 0$ suficientemente pequeno para que $V = I_\alpha(t_0) \times B_b(x_0) \subseteq U$, onde $b = \alpha M$. Conclui-se o argumento aplicando o Teorema 1.8. ∎

PROPOSIÇÃO 1.10
Seja f contínua e Lipschitziana em $\Omega = [a, b] \times \mathbb{E}$. Então, para todo $(t_0, x_0) \in \Omega$ existe uma única solução de (1.2) em $I = [a, b]$.

DEMONSTRAÇÃO
Considerar $X = \mathscr{C}(I, \mathbb{E})$ e $F : X \to X$ definida como na demonstração do Teorema 1.8

$$F(\varphi)(t) = x_0 + \int_{t_0}^{t} f(s, \varphi(s)) \mathrm{d}s.$$

F tem um único ponto fixo pois, para n grande, F^n é uma contração. Basta observar que a desigualdade (∗) da demonstração do Teorema 1.8 é verificada. ∎

CAPÍTULO 1 — EXISTÊNCIA E UNICIDADE DE SOLUÇÕES   19

COROLÁRIO 1.11 Equações lineares

Sejam $A(t)$ e $b(t)$ respectivamente matrizes $n \times n$ e $n \times 1$ de funções contínuas num intervalo I. Para todo $(t_0, x_0) \in I \times \mathbb{R}^n$ existe uma única solução de $x' = A(t)x + b(t)$, $x(t_0) = x_0$ definida em I.

DEMONSTRAÇÃO

Seja $I = \bigcup_n I_n$, onde $I_n \subset I_{n+1}$ são intervalos compactos que contém t_0. $f(t, x) = A(t)x + b(t)$ satisfaz as hipóteses da Proposição 1.10 em cada intervalo I_n. Seja φ_n a única solução neste intervalo passando por (t_0, x_0). É claro que $\varphi_{n+1}|I_n = \varphi_n$. Logo, $\varphi(t) = \varphi_n(t)$, $t \in I_n$ está bem definida em I. É claro também que φ é a única solução em I passando por (t_0, x_0). ∎

Se retirarmos a hipótese de f ser Lipschitziana, ainda temos existência de soluções. Antes de provar este fato, lembramos o Teorema de Arzelá.

TEOREMA 1.12 Teorema de Arzelá

Seja (X, d) um espaço métrico compacto. Seja F uma família equicontínua de funções $\varphi : X \to \mathbb{R}$. Isto é, para todo $\varepsilon > 0$ existe $\delta > 0$ tal que se $d(x, y) < \delta$ então $|\varphi(x) - \varphi(y)| < \varepsilon$ para todo $\varphi \in F$. Se F é uniformemente limitada (isto é, existe $M > 0$ tal que $|\varphi| < M$ para todo $\varphi \in F$), então toda sequência $\{\varphi_n\}$ de elementos de F tem uma subsequência $\{\varphi_{n_k}\}$ uniformemente convergente em X.

DEMONSTRAÇÃO

Ver Espaços Métricos, E. Lima [13], pg. 244. ∎

TEOREMA 1.13 Teorema de Peano

Seja f contínua em $\Omega = I_a \times B_b$ como no Teorema 1.8. Se $|f| < M$ em Ω, (1.2) tem pelo menos uma solução em I_α, onde $\alpha = \min\{a, b/M\}$.

DEMONSTRAÇÃO

Pelo Teorema de Aproximação de Weierstrass, existe uma sequência f_n de funções, cujas componentes são polinômios, que converge para f, uniformemente em Ω. Para n grande, f_n satisfaz as hipóteses do Teorema 1.8. Seja φ_n solução de $x' = f_n(t, x)$, $x(t_0) = x_0$ em I_α, cuja existência e unicidade decorrem do Teorema 1.8. A família $\{\varphi_n\}$ é equicontínua e uniformemente limitada, pois

$$|\varphi_n(t) - \varphi_n(t')| = \left| \int_t^{t'} f_n(s, \varphi_n(s)) \mathrm{d}s \right| \leq M|t - t'|$$

e $|\varphi_n - x_0| \leq b$, para todo n suficientemente grande. Pelo Teorema de Arzelá existe uma subsequência, que denotaremos também por $\{\varphi_n\}$, tal que φ_n converge

20 EQUAÇÕES DIFERENCIAIS ORDINÁRIAS — *Jorge Sotomayor*

uniformemente em I_α para uma função φ. Provaremos que φ é solução de (1.2). Aplicando a desigualdade triangular a $f_n(s, \varphi_n(s))$, $f(s, \varphi_n(s))$ e $f(s, \varphi(s))$ resulta que $f_n(s, \varphi_n(s))$ converge uniformemente em I_α para $f(s, \varphi(s))$. Portanto, fazendo n tender a ∞ em ambos os membros de $\varphi_n(t) = x_0 + \int_{t_0}^t f_n(s, \varphi_n(s))ds$, temos, para todo $t \in I_\alpha$, $\varphi(t) = x_0 + \int_{t_0}^t f(s, \varphi(s))ds$. ∎

OBSERVAÇÃO

É possível aproximar f contínua em Ω por f_n de Lipschitz com relação a x em Ω de modo que neste domínio $\sup|f_n| \leq \sup|f|$. Assim no Teorema de Peano, 1.13, podemos tomar α igual ao fornecido pelo Teorema de Picard, 1.8. Ver exercício 38 deste capítulo para um caso ilustrativo.

COROLÁRIO 1.14

Seja Ω aberto em $\mathbb{R} \times \mathbb{E}$ e $f : \Omega \to \mathbb{E}$ contínua. Se $C \subset \Omega$ é um conjunto tal que $|f| < M$ em Ω_0, onde $\Omega \supseteq \Omega_0 \supseteq C$ com $\text{dist}(C, \Omega - \Omega_0) > 0$, então existe $\alpha > 0$ tal que, para todo ponto $(t_0, x_0) \in C$, existe uma solução de $x' = f(t, x)$, $x(t_0) = x_0$ em $I_\alpha(t_0) = \{t \in \mathbb{R} : |t - t_0| \leq \alpha\}$.

DEMONSTRAÇÃO

Seja $0 < a < \text{dist}(C, \Omega - \Omega_0)$. Tomar $\alpha = \min\{a, a/M\}$ e aplicar o Teorema 1.13 a $I_a(t_0) \times B_a(x_0) \subseteq \Omega_0$. ∎

OBSERVAÇÃO

Se C é compacto contido no interior de um outro compacto Ω_0 as hipóteses deste corolário são satisfeitas para $M > \sup|f|$ em Ω_0.

5. Soluções máximas

PROPOSIÇÃO 1.15

Seja f contínua num aberto $\Omega \subseteq \mathbb{R} \times \mathbb{E}$. Suponhamos que para todo $(t_0, x_0) \in \Omega$ exista uma única solução de $x' = f(t, x)$, $x(t_0) = x_0$ definida num intervalo aberto $I = I(t_0, x_0)$ (por exemplo, se f é localmente de Lipschitz esta condição é satisfeita). Então, para todo $(t_0, x_0) \in \Omega$ existe uma única solução $\varphi = \varphi(t, t_0, x_0)$ de $x' = f(t, x)$, $x(t_0) = x_0$, definida num intervalo $M(t_0, x_0) = (\omega_-(t_0, x_0), \omega_+(t_0, x_0))$ com a propriedade de que toda solução ψ de $x' = f(t, x)$, $x(t_0) = x_0$ num intervalo I satisfaz a $I \subseteq M(t_0, x_0)$ e $\psi = \varphi|I$.

DEMONSTRAÇÃO

É suficiente tomar $M(t_0, x_0) = \cup I_\psi$, onde I_ψ é o intervalo de definição de alguma solução ψ de $x' = f(t, x)$, $x(t_0) = x_0$. Se $t \in I_\psi$ definimos $\varphi(t) = \psi(t)$. Esta definição

CAPÍTULO 1 — EXISTÊNCIA E UNICIDADE DE SOLUÇÕES   21

não depende da ψ usada. Com efeito, o conjunto $C = \{t \in I_{\psi_1} \cap I_{\psi_2}; \psi_1(t) = \psi_2(t)\}$ é não vazio, fechado e aberto em $I_{\psi_1} \cap I_{\psi_2}$. Como este último conjunto é conexo, segue-se que $C = I_{\psi_1} \cap I_{\psi_2}$. O conjunto C é fechado pois é igual a $(\psi_1 - \psi_2)^{-1}(0)$; C é aberto porque para todo ponto t' ele contém $I(t', \psi_1(t')) \cap I(t', \psi_2(t'))$.   ■

DEFINIÇÃO 1.16

Chama-se solução máxima de

$$x' = f(t, x) \tag{1.12}$$

a toda solução φ definida num intervalo I, denominado intervalo máximo de φ, tal que se ψ é uma outra solução no intervalo J com $J \supseteq I$ e $\varphi = \psi|I$, então $I = J$. Em outras palavras, φ é máxima se não admite nenhuma extensão que também é solução de (1.12).

O exemplo 2 da seção 2 mostra que, em geral, existe uma infinidade de soluções máximas por um ponto se apenas a continuidade da f é exigida.

A Proposição 1.15 mostra que se (1.12) tem por cada ponto (t_0, x_0) uma única solução local (isto é, num certo intervalo $I(t_0, x_0)$), então (1.12) tem soluções máximas únicas.

TEOREMA 1.17

Seja f contínua num aberto Ω de $\mathbb{R} \times \mathbb{E}$. Se φ é uma solução máxima única de $x' = f(t, x)$ definida em (ω_-, ω_+), então a aplicação $g(t) = (t, \varphi(t))$ tende a $\partial\Omega$ quando $t \to \omega_\pm$. Isto é, para todo compacto $K \subseteq \Omega$ existe uma vizinhança V de $\omega_\pm$ tal que $g(t) \notin K$ para $t \in V$.

DEMONSTRAÇÃO

Suponhamos que para algum compacto $K \subseteq \Omega$ exista uma sequência $t_n \to \omega_+$ tal que $g(t_n) \in K$. Seja $\{t'_n\}$ uma subsequência de $\{t_n\}$ tal que $g(t'_n)$ é convergente. Seja $\lim_{n\to\infty} g(t'_n) = (\omega_+, x_0) \in K$.

Aplicar a observação ao Teorema 1.17 a $C = K$ e Ω_0 o conjunto de pontos cuja distância a K é menor do que a dado pela metade de distância de K ao complemento de Ω. Assim, para n suficientemente grande, o intervalo de definição da solução por t'_n, dado pelo Teorema de Peano, conterá no seu interior o ponto ω_+. Contradição. Analogamente, procede-se para ω_-.   ■

OBSERVAÇÕES

(a) Não é verdade, em geral, que exista o limite da solução máxima φ de $x' = g(t)$ quando $t \to \omega_\pm$, mesmo que $\omega_+ < \infty$ ou $\omega_- > -\infty$.

Basta ver, por exemplo

$$x' = -\frac{\cos 1/t}{t^2}, \quad t > 0,$$

que tem como solução máxima a função $\varphi(t) = \operatorname{sen} \frac{1}{t}$, $t > 0$.

(b) No entanto, se f é limitada em Ω, digamos $|f| \le M$, e se $\omega_{\pm} < \infty$, então o limite existe. Pois se φ é solução e $t, s < \omega_+ < \infty$, usando a observação do final da seção 2 sai que

$$|\varphi(t) - \varphi(s)| = \left| \int_s^t f(\tau, \varphi(\tau)) \mathrm{d}\tau \right| \le M|t - s|.$$

Logo, a afirmação resulta do critério de convergência de Cauchy, pois quando $t, s \to \omega_+$, $|\varphi(t) - \varphi(s)| \to 0$.

Analogamente para ω_-.

6. Sistemas e equações diferenciais de ordem superior

Sejam $\mathbb{E}_1, \mathbb{E}_2, \ldots, \mathbb{E}_m$ espaços euclidianos e seja Ω um subconjunto de $R \times \mathbb{E}$, onde $\mathbb{E} = \mathbb{E}_1 \times \mathbb{E}_2 \times \cdots \times \mathbb{E}_m$. Sejam $f_i : \Omega \to \mathbb{E}_i$, $i = 1, \ldots, m$, funções contínuas. Uma família $\{\varphi_1, \ldots, \varphi_m\}$, onde cada $\varphi_i : I \to \mathbb{E}_i$, $i = 1, \ldots, m$, é uma função diferenciável de um intervalo I em $\mathbb{E}_i$, chama-se *solução do sistema de equações diferenciais ordinárias*

$$\begin{cases} \dfrac{\mathrm{d}x_1}{\mathrm{d}t} = f_1(t, x_1, x_2, \ldots, x_m), \\[2mm] \dfrac{\mathrm{d}x_2}{\mathrm{d}t} = f_2(t, x_1, x_2, \ldots, x_m), \\[2mm] \quad \vdots \\[2mm] \dfrac{\mathrm{d}x_m}{\mathrm{d}t} = f_m(t, x_1, x_2, \ldots, x_m), \end{cases} \tag{1.13}$$

no intervalo I, se:

(i) para todo $t \in I$, $(t, \varphi(t)) = (t, \varphi_1(t), \ldots, \varphi_m(t)) \in \Omega$;

(ii) para todo $i = 1, 2, \ldots, m$,

$$\frac{\mathrm{d}\varphi_i}{\mathrm{d}t}(t) = f_i(t, \varphi_1(t), \varphi_2(t), \ldots, \varphi_m(t)),$$

para todo $t \in I$.

O sistema (1.13), denotado abreviadamente por

$$x'_i = f_i(t, x_1, x_2, \ldots, x_m), \quad i = 1, \ldots, m, \tag{1.13'}$$

é equivalente à equação diferencial ordinária

$$x' = f(t, x), \tag{1.14}$$

onde $f = (f_1, f_2, \ldots, f_m) : \Omega \to \mathbb{E} = \mathbb{E}_1 \times \cdots \times \mathbb{E}_m$. Isto é, uma família $(\varphi_1, \ldots, \varphi_m)$ de funções é solução de (1.13) em I se, e somente se, $\varphi = (\varphi_1, \ldots, \varphi_m) : I \to \mathbb{E}$ é solução de (1.14) em I.

Em particular, a equação "vetorial" (1.1) da seção 1 é equivalente a um sistema de equações "escalares" do tipo (1.13) acima, em que f_i é a i-ésima coordenada de f em $\mathbb{E} = \mathbb{E}_1 \times \cdots \times \mathbb{E}_m$, onde $\mathbb{E}_i = \mathbb{R}$, $i = 1, 2, \ldots, m$. Note que este fato óbvio foi estabelecido na própria seção 1.

O problema de Cauchy para sistemas de equações da forma (1.13) formula-se do seguinte modo: dados $t_0, x_{1,0}, \ldots, x_{m,0}$ tais que $(t_0, x_{1,0}, \ldots, x_{m,0})$ pertence a Ω, encontrar uma solução $\{\varphi_1, \ldots, \varphi_m\}$ de (1.13) num intervalo I que contém t_0 tal que $\varphi_i(t_0) = x_{i,0}$ para todo i.

Abreviadamente, escrevemos

$$x'_i = f_i(t, x_1, x_2, \ldots, x_m), \quad x_i(t_0) = x_{i,0}. \tag{1.15}$$

Este problema é equivalente ao problema de Cauchy

$$x' = f(t, x), \quad x(t_0) = x_0. \tag{1.16}$$

Para a equação (1.14), onde $x_0 = (x_{1,0}, \ldots, x_{m,0})$ tendo em conta que a função f em (1.14) é, respectivamente, contínua, Lipschitziana com constante de Lipschitz K, diferenciável em relação à segunda variável, etc., se, e somente se, cada uma das f_i de (1.13) também é do mesmo tipo, temos que todos os teoremas de existência, unicidade e soluções máximas das seções 4 e 5 são válidos para soluções da equação (1.13).

Seja agora Ω um aberto de $\mathbb{R} \times \mathbb{E}^m$, onde $\mathbb{E}$ é um espaço euclidiano e $f : \Omega \to \mathbb{E}$ uma função contínua.

Uma função $\varphi : I \to \mathbb{E}$, de classe C^m, definida num intervalo, chama-se *solução da equação diferencial ordinária de ordem m*

$$\frac{\mathrm{d}^m x}{\mathrm{d}t^m} = f(t, x, x', x'', \ldots, x^{(m-1)}) \tag{1.17}$$

em I, se:

(i) para todo $t \in I$, $(t, \varphi(t), \varphi'(t), \ldots, \varphi^{(m-1)}(t)) \in \Omega$;

(ii) para todo $t \in I$,

$$\frac{d^m(\varphi)}{dt^m}(t) = f(t, \varphi(t), \varphi'(t), \ldots, \varphi^{(m-1)}(t)).$$

A equação (1.17) também é denotada por

$$x^{(m)} = f(t, x, x', x'', \ldots, x^{(m-1)}) \qquad (1.17')$$

e é equivalente ao sistema

$$\begin{cases} x'_r = x_{r+1}, \ \ r = 1, 2, \ldots, m-1, \\ x'_m = f(t, x_1, x_2, \ldots, x_m) \\ x_i(t_0) = x_0^{i+1}. \end{cases} \qquad (1.18)$$

Isto é, se uma função φ é solução de (1.17), então $\{\varphi, \varphi', \varphi'', \ldots, \varphi^{(m-1)}\}$ é uma solução de (1.18); e se $(\varphi_1, \varphi_2, \ldots, \varphi_m)$ é uma solução de (1.18), então $\varphi = \varphi_1$ é uma solução de (1.17), isto é, φ é de classe C^m e satisfaz (i) e (ii), acima.

O *Problema de Cauchy para a equação* (1.17) formula-se do seguinte modo: dado um ponto $(t_0, x_0^0, x_0^1, \ldots, x_0^{m-1}) \in \Omega$, encontrar uma solução φ de (1.17) definida num intervalo I que contém o ponto t_0 e satisfaz a

$$\varphi(t_0) = x_0^0, \ \ \varphi'(t_0) = x_0^1, \ldots, \varphi^{(m-1)}(t_0) = x_0^{m-1}.$$

Abreviadamente escrevemos

$$x^{(m)} = f(t, x, x', \ldots, x^{(m-1)}), \ \ x^{(i)}(t_0) = x_0^i, \ \ i = 0, 1, \ldots, m-1. \qquad (1.19)$$

Este problema é equivalente ao seguinte problema de Cauchy para sistemas de equações

$$\begin{cases} x'_r = x_{r+1}, \ \ x_i(t_0) = x_0^{i-1}, \ \ i = 1, 2, \ldots, m, \\ x'_m = f(t, x_1, \ldots, x_m), \ \ r = 1, 2, \ldots, m-1. \end{cases} \qquad (1.20)$$

Assim, questões relativas à existência, unicidade e intervalos máximos de soluções de (1.17) são reduzidos a questões similares para sistemas (1.18) e portanto a equações do tipo (1.1) da seção 1. Em particular, todos os resultados relativos a estas questões demonstrados nas seções 4 e 5 são válidos para equações de ordem m qualquer.

7. Exercícios

1. Seja $g(t) = \frac{2}{t^2-1}$, $|t| \neq 1$.
   (a) Mostre que toda solução de $x' = g(t)$ é da forma

   $$\varphi(t) = c + \ln\left|\frac{t-1}{t+1}\right|,$$

   onde $c \in \mathbb{R}$.
   (b) Faça um esboço destas soluções em

   $$\Omega = \{t \in \mathbb{R}; |t| \neq 1\} \times \mathbb{R}.$$

   (Sugestão: Note que $g(t) = \frac{1}{t-1} - \frac{1}{t+1}$.)

2. Seja $f(x) = \frac{x^2-1}{2}$. Mostre que toda solução de $x' = f(x)$ diferente das soluções $\varphi_+ \equiv 1$ e $\varphi_- \equiv -1$ é da forma

   $$\varphi(t) = \frac{1 + ce^t}{1 - ce^t}, \quad c \neq 0.$$

   Qual é o intervalo máximo $I_c = (\omega_-(c), \omega_+(c))$ de definição destas soluções? Faça um esboço geométrico das soluções em $\Omega = \mathbb{R}^2$ e compare com o exercício anterior.

3. Denote por $I(t_0, x_0) = (\omega_-(t_0, x_0), \omega_+(t_0, x_0))$ o intervalo máximo de definição da solução $\varphi = \varphi(t, t_0, x_0)$ do problema de Cauchy

   $$x' = f(x)g(t), \quad x(t_0) = x_0,$$

   onde $(t_0, x_0) \in (t_1, t_2) \times (a_1, a_2)$ e f e g são como no exemplo 1.3 da seção 3. Pode supor primeiramente que f é positiva em (a_1, a_2).
   (a) Mostre que

   $$D = \{(t, t_0, x_0); (t_0, x_0) \in (t_1, t_2) \times (a_1, a_2), \ t \in I(t_0, x_0)\}$$

   é aberto e que φ é contínua em D.
   (b) Se f e g são de classe C^1 mostre que φ é de classe C^1 em D.
   (c) Calcule D e φ no caso

   $$x' = x^2 \cos t, \quad x \neq 0.$$

4. Estenda os resultados dos exemplos 1.2 e 1.3 da seção 3 para o caso em que f é de classe C^1 na vizinhança de cada um de seus zeros.

   Use o teorema de Picard para garantir a unicidade das soluções da forma $\varphi(t) \equiv a$, onde $f(a) = 0$.

   Estenda as conclusões do exercício anterior para este caso e faça o cálculo de D e φ para

$$x' = x^2 \cos t, \quad (t,x) \in \mathbb{R}^2.$$

5. *Equações homogêneas.* Seja $f : \mathbb{R} \to \mathbb{R}$.

   (a) As equações da forma

$$x' = f\left(\frac{x}{t}\right), \quad t \neq 0,$$

   são chamadas homogêneas. Prove que a mudança de variáveis $x = yt$ transforma equações homogêneas em equações com variáveis separáveis.

   (b) Resolva a equação

$$x' = \frac{x+t}{t}, \quad x(1) = 0.$$

6. Encontre os valores de α e β para os quais

$$x' = at^\alpha + bx^\beta$$

   se transforma numa equação homogênea por meio de uma mudança de variáveis da forma $x = y^m$.

7. Seja

$$\frac{dx}{dt} = F\left(\frac{at+bx+c}{dt+ex+f}\right). \tag{$*$}$$

   (a) Mostre que se $ae - bd \neq 0$ então existem h, k tais que as mudanças de variáveis

$$t = \tau - h, \quad x = y - k$$

   transformam $(*)$ numa equação homogênea.

   (b) Se $ae - bd = 0$ encontre uma mudança de variáveis que transforme $(*)$ numa equação com variáveis separáveis.

8. *Equação de Bernoulli.* Mostre que a mudança de variáveis $x^{1-n} = y$ transforma a equação de Bernoulli

$$\frac{dx}{dt} = a(t)x + c(t)x^n$$

   numa equação linear.

CAPÍTULO 1 — EXISTÊNCIA E UNICIDADE DE SOLUÇÕES   27

9. *Equação de Riccati.* A equação do tipo

$$x' = r(t)x^2 + a(t)x + b(t) \qquad (*)$$

chama-se equação de Riccati. Suponha que os coeficientes em $(*)$ são funções contínuas de t. Mostre que se φ_1 é uma solução de $(*)$ então $\varphi = \varphi_1 + \varphi_2$ é solução de $(*)$ se e só se φ_2 é uma solução da equação de Bernoulli (veja exercício anterior)

$$y' = (a(t) + 2r(t)\varphi_1(t))y + r(t)y^2.$$

Ache as soluções de

$$x' = \frac{x}{t} + t^3 x^2 - t^5$$

sabendo que esta equação admite $\varphi_1(t) = t$ como solução.

10. Prove que se $\varphi(t, t_0, x_0)$ é a solução da equação de Riccati $(*)$ com $\varphi(t_0, t_0, x_0) = x_0$ então a transformação $T : x_0 \rightarrow \varphi(t, t_0, x_0)$ é *linear fracionária na variável* x_0, isto é, pode exprimir-se na forma $T(x_0) = \frac{Ax_0 + B}{Cx_0 + D}$. Uma transformação de desta forma é dita de Möebius.

    (Sugestão: Revise no seu livro favorito de Variável Complexa a noção de *razão cruzada* e a sua relação com as tranformações *lineares fracionais*. Prove que T preserva a *razão cruzada*.)

11. Em cada um dos seguintes exemplos, encontre ou demonstre que não existe uma constante de Lipschitz nos domínios indicados.

    (a) $f(t,x) = t|x|, |t| < a, x \in \mathbb{R}^n$.

    (b) $f(t,x) = x^{1/3}, |x| < 1$.

    (c) $f(t,x) = 1/x, 1 \le x \le \infty$.

    (d) $f(t,x) = (x_1^2 x_2, t + x_3, x_3^2), |x| \le b, |t| \le a$.

12. Seja $f(x,y) : \mathbb{R}^2 \rightarrow \mathbb{R}$ definida por $f(x,y) = \sqrt{|y|}$. Considere a equação diferencial $\frac{dy}{dx} = f(x, y)$ com a condição inicial $y(0) = 0$.

    (i) Dê uma solução desta equação.

    (ii) Ela é única?

    (iii) Caso a resposta de (ii) seja negativa, contradiz o Teorema de Picard? Justifique.

    (Sugestão: Use o método de variáveis separáveis para encontrar a seguinte solução

$$y(t) = \begin{cases} \dfrac{x^2}{4}, & x \ge 0, \\[3mm] -\dfrac{x^2}{4}, & x \le 0 .\end{cases}$$

13. Seja a equação $\frac{dy}{dx} = f(x,y)$, onde $f : \mathbb{R}^2 \to \mathbb{R}$ é dada por

$$f(x,y) = \begin{cases} \dfrac{xy}{x^2+y^2} & \text{, se } (x,y) \neq (0,0) \\ 0 & \text{, se } (x,y) = (0,0) \end{cases}$$

(i) Mostre que a equação acima admite soluções para condições iniciais $y(x_0) = y_0$ arbitrárias.

(ii) f satisfaz localmente as condições do Teorema de Picard? Justifique.

(iii) E as do Teorema de Peano? Justifique.

(Sugestão: $y(x) \equiv 0$ é solução da equação. Note que se $x \in \mathbb{R} - \{0\}$, então $f(x,x) = \frac{1}{2}$.)

14. Seja $f : \mathbb{R} \times \mathbb{R}^n \to \mathbb{R}^n$ de classe C^1 e suponhamos que $\varphi(t)$ definida em $\mathbb{R}$ é a solução de

$$x' = f(t,x), \quad x(t_0) = x_0. \qquad (*)$$

(a) É possível que exista $t_1 \neq t_0$ tal que $\varphi(t_1) = \varphi(t_0)$, porém $\varphi'(t_1)$ e $\varphi'(t_0)$ são linearmente independentes?

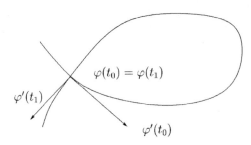

Fig. 1.7 Exercício 14

(b) Caso (a) seja afirmativo, estude isso em termos da unicidade das soluções dadas pelo Teorema de Picard.

(Sugestão: Note que $\frac{d}{dt}(t \operatorname{sen} t) = t \cos t + \operatorname{sen} t$ e $\frac{d}{dt}(t^2 \operatorname{sen} t) = t^2 \cos t + 2t \operatorname{sen} t$. Seja $\varphi(t)$ a solução de $(*)$ com $f : \mathbb{R} \times \mathbb{R}^2 \to \mathbb{R}^2$ dada por

$$f(t,(x,y)) = (t \cos t + \operatorname{sen} t, t^2 \cos t + 2t \operatorname{sen} t)$$

e condições iniciais $(x(0), y(0)) = (0,0)$. Calcule então $\varphi(\pi)$, $\varphi(2\pi)$, $\varphi'(\pi)$ e $\varphi'(2\pi)$.)

15. Seja $f : \mathbb{R} \times \mathbb{R}^n \to \mathbb{R}^n$ contínua e Lipschitziana com respeito à segunda variável. Prove que dado $(t_0, x_0) \in \mathbb{R} \times \mathbb{R}^n$ existe uma única solução de

$$x' = f(t, x), \quad x(t_0) = x_0,$$

definida em todo $\mathbb{R}$.

16. Seja $f : \mathbb{R}^n \to \mathbb{R}^n$ de classe C^1 e suponhamos que $\varphi(t)$ definida em $\mathbb{R}$ é solução de

$$x' = f(x), \quad x(t_0) = x_0.$$

   (a) É possível que exista $t_1 \neq t_0$ tal que $\varphi(t_1) = \varphi(t_0)$ mas $\varphi'(t_0) \neq \varphi'(t_1)$?
   (b) Compare (a) com o exercício 14, parte (a).

17. Sejam $g, f : \mathbb{R} \to \mathbb{R}$ contínuas sendo f Lipschitziana. Prove que o sistema

$$\begin{cases} x' = f(x), \ x(t_0) = x_0, \\ y' = g(x)y, \ y(t_0) = y_0 \end{cases}$$

tem solução única em qualquer intervalo (onde ela esteja definida). Pode-se retirar a hipótese de f ser Lipschitziana e obter a mesma conclusão?

18. Com as mesmas hipóteses e notações do Teorema de Peano, sejam $c \in [t_0, t_0 + \alpha]$ e S_c o conjunto dos pontos x tais que existe uma solução $x' = f(t, x)$, $x(t_0) = x_0$, definida em $[t_0, c]$ e que passa por (c, x). Prove que S_c é um intervalo fechado, no caso $n = 1$.

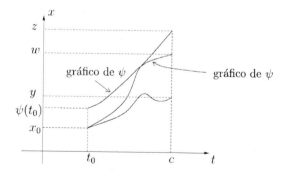

Fig. 1.8 Teorema de Kneser

Nota: Este resultado é conhecido como Teorema de Kneser e é válido para $n \geq 1$ qualquer, substituindo no enunciado acima S_c, intervalo fechado, por domínio (i. e. , conexo e compacto).

30 EQUAÇÕES DIFERENCIAIS ORDINÁRIAS — *Jorge Sotomayor*

(Sugestão: Seja x_n uma sequência de pontos em S_c tal que $x_n \to x$. Se φ_n é solução de

$$x' = f(t,x), \quad x(t_0) = x_0, \tag{$*$}$$

com $\varphi_n(c) = x_n$, aplique o teorema de Arzelá para encontrar uma solução φ de $(*)$ tal que $\varphi(c) = x$. Para provar que S_c é conexo, sejam $y, z \in S_c$, $y < z$. Se $y < w < z$ é preciso provar que $w \in S_c$. Use o teorema de Peano para encontrar uma solução ψ de $x' = f(t,x)$, $x(c) = w$ definida em $[t_0, c]$. Pode acontecer que $\psi(t_0) \neq x_0$ (ver Figura 1.8) porém certamente existirá uma solução θ de $x' = f(t,x)$, $x(t_0) = x_0$, tal que $\theta(c) = w$).

19. Seja f contínua no aberto $\Omega \subseteq \mathbb{R} \times \mathbb{E}$. Prove que se $|f| \le M$ em Ω, então
    (a) Toda solução de $x' = f(t,x)$ pode ser prolongada a uma solução máxima φ definida num intervalo (ω_-, ω_+).
    (b) $(t, \varphi(t)) \to \partial\Omega$ quando $t \to \omega_\pm$.
    (c) Se φ é limitada, $\lim_{t \to \omega_\pm} \varphi(t)$ existe? Compare com a observação 5.4.
    (d) Retire a hipótese de limitação de f e prove (a) e (b) neste caso.
    (Sugestão para (c): considere

    $$D = \{(x,y) \in \mathbb{R}^2; \; x^2 + y^2 < 1\}, \quad \Omega = \mathbb{R} \times D$$

    e $f(t,x,y) = (y + x(1 - x^2 - y^2), -x + y(1 - x^2 - y^2))$.)

20. Sejam Ω, f e (ω_-, ω_+) como no exercício 19(a). prove que se $\overline{\Omega}$ é compacto então $\lim_{t \to \omega_\pm} \varphi(t) = x_\pm$ existe e $(\omega_\pm, x_\pm) \in \partial\Omega$.

21. Seja $\Omega = \mathbb{R} \times \mathbb{R}^n$ e $f(t,x) = f(x)$ contínua, localmente Lipschitziana e tal que $|f| \le M$ em Ω. Prove que
    (a) Para todo $x_0 \in \mathbb{R}^n$ a solução $\varphi(t, x_0)$ de

    $$x' = f(x), \quad x(0) = x_0$$

    está definida para todo $t \in \mathbb{R}$.
    (b) Para todo $t \in \mathbb{R}$, $\varphi_t : x_0 \to \varphi(t, x_0)$ é um homeomorfismo de $\mathbb{R}^n$ sobre $\mathbb{R}^n$.
    (c) $\varphi_{t+s} = \varphi_t \circ \varphi_s$, quaisquer que sejam $t, s \in \mathbb{R}$.
    (Sugestão para (b): suponha que $x_n \to x_0$ mas $\varphi(t, x_n)$ não seja convergente a $\varphi(t, x_0)$. Considere $\varphi_n(\tau) = \varphi(\tau, x_n)$, $\tau \in [0, t]$. Prove que φ_n é equicontínua e use o teorema de Arzelá para achar uma solução de $x' = f(x)$, $x(0) = x_0$ diferente de $\varphi(t, x_0)$.)

22. (Aproximação Poligonal) Sob as hipóteses do Teorema de Peano, defina a família de funções $\varphi_\sigma(t)$ da seguinte maneira: seja $\sigma : t_0 < t_1 < \cdots < t_m = t_0 +$

CAPÍTULO 1 — EXISTÊNCIA E UNICIDADE DE SOLUÇÕES   31

α uma partição de $[t_0, t_0 + \alpha]$ com norma $|\sigma| = \max(t_{k+1} - t_k)$, $k = 0, \ldots, m -$
1. Em $[t_0, t_1]$ defina $\varphi_\sigma(t) = x_0 + (t - t_0)f(t_0, x_0)$. Se $\varphi_\sigma(t)$ for definido em
$[t_0, t_k]$, $k < m$, e $|\varphi_\sigma(t) - x_0| \le b$, defina $\varphi_\sigma(t) = \varphi_\sigma(t_k) + (t - t_k)f(t_k, \varphi_n(t_k))$
para $t \in [t_k, t_{k+1}]$. Este processo define φ_σ como uma função contínua e
seccionalmente linear. Demonstre o Teorema de Peano obtendo uma solu-
ção como limite uniforme de uma sequência de funções da família acima
definida.

23. Sejam $f_1, f_2, \ldots$ uma sequência de funções contínuas em $\Omega = \{(t, x); t_0 \le t \le$
$t_0 + a, |x - x_0| \le b\}$ tal que $f_n \to f$ uniformemente em Ω. Seja φ_n uma solução de

$$x' = f_n(t, x), \quad x(t_n) = x_n,$$

em $[t_0, t_0 + a]$, onde $n = 1, 2, \ldots$ e tal que $t_n \to t_0$, $x_n \to x_0$ quando $n \to$
∞. Prove que existe uma subsequência $\varphi_{n_1}, \varphi_{n_2}, \ldots, \varphi_{n_j}, \ldots$ uniformemente
convergente em $[t_0, t_0 + a]$ e que, para qualquer subsequência nestas condi-
ções, o limite $\varphi(t) = \lim_{k \to \infty} \varphi_{n_k}(t)$ é uma solução de

$$x' = f(t, x), \quad x(t_0) = x_0, \text{ em } [t_0, t_0 + a]. \tag{$*$}$$

Em particular, se $(*)$ possuir uma única solução $\varphi(t)$ em $[t_0, t_0 + a]$, então
$\varphi(t) = \lim_{n \to \infty} \varphi_n(t)$ uniformemente.

24. (Aproximações Sucessivas) Com as mesmas hipóteses e notações do
Teorema de Peano, prove que a seguinte sequência, $\{\varphi_n\}$, chamada sequência de aproximações sucessivas, está bem definida para $t \in [t_0, t_0 + \alpha]$:

$$\varphi_0(t) = x_0, \quad \varphi_{n+1}(t) = x_0 + \int_{t_0}^{t} f(s, \varphi_n(s))ds, \quad n = 0, 1, \ldots.$$

(a) Se f é Lipschitziana, foi provado (Teorema de Picard) que $\{\varphi_n\}$ é convergente. Verifique que para a função f, não Lipschitziana, dada por

$$f(t, x) = \begin{cases} -2t & , t^2 < x < \infty, \\ 2t - \dfrac{4x}{t} & , 0 < x \le t^2,\ t \le 1, \\ 2t & , x \le 0, \end{cases}$$

a sequência de aproximações sucessivas, para $t_0 = x_0 = 0$, não é convergente.

(b) No caso $n = 1$, seja $t_0 = x_0 = 0$ e seja f contínua tal que $f(t, x_1) \le f(t, x_2)$
se $x_1 \le x_2$ e $f(t, 0) \ge 0$, para todo $t \in [0, a]$. Prove que as aproximações
sucessivas convergem para uma solução de $x' = f(t, x)$, $x(0) = 0$.

32 EQUAÇÕES DIFERENCIAIS ORDINÁRIAS — *Jorge Sotomayor*

25. (a) Seja f contínua em $\Omega = \{(t,x); |t| \le a, |x| \le b\} \subset \mathbb{R}^2$. Se $f(t,x) < 0$ quando $tx > 0$ e $f(t,x) > 0$ quando $tx < 0$, mostre que $x' = f(t,x)$, $x(0) = 0$, tem $\varphi = 0$ com única solução.

(b) Seja $f : \mathbb{R}^2 \to \mathbb{R}$ dada por

$$f(t,x) = \begin{cases} -2t & \text{, se } x \ge t^2, \\ -\dfrac{2x}{t} & \text{, se } |x| < t^2, \\ 2t & \text{, se } x \le -t^2. \end{cases}$$

Prove que $x' = f(t,x)$, $x(0) = 0$, tem uma única solução, embora F^n – definida na demonstração do Teorema de Picard – não seja contração para nenhum n.

26. No retângulo $P = \{(t,x); |t - t_0| < a, |x - x_0| < b\} subset \mathbb{R}^2$, sejam f, g duas funções contínuas e localmente Lipschitzianas. Se $g < f$ em P, então para φ e ψ soluções de, respectivamente,

$$x' = g(t,x), \; x(t_0) = x_0 \quad \text{e} \quad x' = f(t,x), \; x(t_0) = x_0,$$

definidas para $0 \le t \le c$, prove que $\varphi(t) \le \psi(t)$ para todo $t_0 < t \le c$.

Nas mesmas hipóteses, se $g \le f$, prove que $\varphi(t) \le \psi(t)$, $t_0 \le t \le c$.

27. Seja $\{\varphi_n\}$ a sequência de funções definidas por

$$\varphi_0(x) = 1, \; \varphi_n(x) = 1 + \int_0^x (\varphi_{n-1}(t))^2 \, \mathrm{d}t.$$

Mostre que φ_n é um polinômio de grau $2^n - 1$, cujos coeficientes estão em $[0,1]$. Mostre que, para $|x| < 1$, $\varphi_n \to \varphi$, onde φ é a solução de $\frac{\mathrm{d}y}{\mathrm{d}x} = y^2$, $y(0) = 1$, a qual é dada por $\varphi(t) = \frac{1}{1-t} = 1 + t + t^2 + \cdots$.

28. Seja $f(t,x)$ definida e contínua em $\Omega = \mathbb{R} \times \mathbb{E}$, onde $f(t,x) = f(t+1,x)$ e f é Lipschitziana em $[0,1] \times \mathbb{E}$. Prove que toda solução $\varphi(t, t_0, x_0)$ está definida para todo $t \in \mathbb{R}$ e $\varphi(t, t_0, x_0) = \varphi(t+1, t_0+1, x_0)$.

29. Seja $H : \mathbb{E} \to \mathbb{E}$ de classe C^1. Seja $f(t,x)$ contínua em $\mathbb{R} \times \mathbb{E}$ tal que $f(t, H(x)) = DH(x) \cdot f(t,x)$, para todo (t,x) em $\mathbb{R} \times \mathbb{E}$. Se f é Lipschitziana e $\varphi(t, t_0, x_0)$ denota a solução de $x' = f(t,x)$ que passa por (t_0, x_0), prove que

$$\varphi(t, t_0, H(x)) = H(\varphi(t, t_0, x_0)).$$

30. Se $X = (X_1, X_2, \ldots, X_n)$ é um campo vetorial de classe C^1 em $\mathbb{R}^n$ e V é uma função real diferenciável em $\mathbb{R}^n$ tal que $\sum_{i=1}^n \frac{\partial v}{\partial x_i}(x) X_i(x) \le 0$ e $V(x) \ge |x|^2$,

CAPÍTULO 1 — EXISTÊNCIA E UNICIDADE DE SOLUÇÕES   33

para todo $x \in \mathbb{R}^n$, prove que toda solução de $x' = X(x)$ está definida para todo $t > 0$.

31. No enunciado do Teorema de Peano, mude a condição $|f| < M$ por $|f| \le M$ e obtenha as mesmas conclusões que neste teorema.

(Sugestão: considere a sequência de aplicações $\varphi_k : [t_0, t_0 + \alpha_k] \to \mathbb{R}^n$, onde φ_k é a solução de

$$x' = f_k(t, x), \quad x(t_0) = x_0 \quad \text{e} \quad \alpha_k = b(M + \varepsilon_k)^{-1},$$

sendo $\varepsilon_k = \sup\{|f_k - f| \text{ em } K\}$, onde $K \subset \Omega$ é compacto e contém $[t_0, f_0 + \alpha] \times B(x_0, b)$.)

32. (Extensão do domínio da função inversa) Seja $B(0, b) = \{x \in \mathbb{R}^n; |x| < b\}$ a bola de centro 0 e raio b em $\mathbb{R}^n$. Seja $f : D = \overline{B(0, b)} \to \mathbb{R}^n$ uma aplicação de classe C^1 numa vizinhança de D tal que $f(0) = 0$ e $A(x) = Df(x)$ é inversível $\forall x \in D$, sejam $M = \max \|(A(x))^{-1}\|$, $M_1 = \max \|A(x)\|$ para $x \in D$, e seja $B_1 = B(0, b/MM_1)$. Observe que $B_1 \subset D$ (por quê?). Prove que existe um aberto B_0, $B_1 \subset B_0 \subset B$, tal que $f|B_0$ é um difeomorfismo de B_0 sobre a bola $B(0, b/M)$.

(Sugestão: Seja $\xi \in \mathbb{R}^n$ com $|\xi| = 1$. Prove que a equação $f(x) = t\xi$ tem uma solução única $x = x(t, \xi)$ para $0 \le t \le b/M$ com $x(0, \xi) = 0$. Para isto considere a equação diferencial $x' = (f'(x))^{-1}\xi$ e aplique o Teorema de Peano na versão do exercício anterior. Prove que $g(y) = x\left(|y|, \frac{y}{|y|}\right)$ é uma inversa à direita de f, definida em $B(0, b/M)$. Para encontrar B_0 aplique a mesma ideia a g.)

33. (Equações analíticas no Campo Complexo) Seja $f : \Omega \to \mathbb{C}^n$ analítica no aberto $\Omega \subset \mathbb{C} \times \mathbb{C}^n$. Denotemos por (z, w) os pontos de Ω com $w = (w_1, \ldots, w_n)$. Uma função $\varphi : H \to \mathbb{C}^n$, holomorfa no aberto $H \subset \mathbb{C}$, chama-se solução da equação

$$w' = f(z, w), \quad \text{se} \qquad (*)$$

(i) $\operatorname{graf}\varphi \subset \Omega$.

(ii) $\dfrac{\mathrm{d}\varphi}{\mathrm{d}z} = f(z, \varphi(z))$, para todo $z \in H$.

Demonstre o seguinte resultado: seja $\Omega = B_a(z_0) \times B_b(w_0)$, onde $B_a(z_0) = \{z; |z - z_0| < a\}$, $B_b(w_0) = \{w; |w - w_0| < b\}$, e seja f tal que $|f| \le M$ em Ω. Então existe uma única solução φ de $(*)$ em $H = B_\alpha(z_0)$ tal que $\varphi(z_0) = w_0$ e $\alpha = \min\{a, b/M\}$.

(Sugestão: defina $F(\varphi)(z) = w_0 + \int_{\Gamma(z)} f(\xi, \varphi(\xi))\mathrm{d}\xi$, onde

$$\Gamma(z) = \{\theta(z - z_0) + z_0; \ 0 \le \theta \le 1\}$$

é o segmento que liga z_0 a z. Mostre que para cada $a' < a$ existe um único ponto fixo atrator de F, considerada como aplicação de $\mathscr{C}(B_{a'}, B_b)$. Utilize o Teorema de Montel, segundo o qual uma sequência de funções analíticas complexas convergindo uniformemente num aberto tem limite analítico.)

34. Formule e demonstre um teorema análogo ao do exercício anterior para funções analíticas reais.

35. Nas hipóteses do exercício 33, prove que a série $\varphi(z) = \sum_{i=0}^{\infty} a_i(z - z_0)^i$ converge para a solução de $(*)$, onde

$$a_0 = w_0, \quad a_1 = f(z_0, w_0), \quad a_2 = \frac{1}{2}\left[\frac{\partial f}{\partial z}(z_0, w_0) + \frac{\partial f}{\partial w}(z_0, w_0)a_1\right], \text{ etc.}$$

Isto é, os a_i' são determinados formalmente, derivando a expressão $\varphi'(z) = f(z, \varphi(z))$ e avaliando-a no ponto $z = z_0$, assim

$$\varphi''(z_0) = \frac{\partial f}{\partial z}(z_0, w_0) + \frac{\partial f}{\partial w}(z_0, w_0)\varphi'(z_0),$$

é o coeficiente do termo de ordem 2 da série de Taylor formal.

36. (Soluções aproximadas, Desigualdade de Gronwall)

(i) Seja $f : \mathbb{R} \times \mathbb{R}^n \to \mathbb{R}^n$ contínua com constante de Lipschitz K relativamente à segunda variável. Sejam $\varphi_1(t)$, $\varphi_2(t)$ funções seccionalmente diferenciáveis num intervalo $I = (a, b)$ que contém o ponto t_0. Suponha que para $t \in I$

$$|\varphi_i'(t) - f(t, \varphi_i(t))| \le \varepsilon_i, \quad i = 1, 2, \tag{$*$}$$

mostre a seguinte forma aperfeiçoada da Desigualdade de Gronwall:

$$|\varphi_1(t) - \varphi_2(t)| \le |\varphi_1(t_0) - \varphi_2(t_0)|e^{K|t-t_0|} + \frac{(\varepsilon_1 + \varepsilon_2)}{K}(e^{K|t-t_0|} - 1).$$

(Sugestão: Seja $t \ge t_0$. Integrando $(*)$ entre t_0 e t obtenha $|\varphi_1(t) - \varphi_2(t)) - (\varphi_1(t_0) - \varphi_2(t_0)) - \int_{t_0}^{t}[f(s, \varphi_1(s)) - f(s, \varphi_2(s))]ds| \le (\varepsilon_1 + \varepsilon_2)(t - t_0)$ e daí conclua que

$$|\varphi_1(t) - \varphi_2(t)| \le |\varphi_1(t_0) - \varphi_2(t_0)| + K\int_{t_0}^{t}|\varphi_1(s) - \varphi_2(s)|ds \tag{$**$}$$
$$+ (\varepsilon_1 + \varepsilon_2)(t - t_0).$$

Defina agora $R(t) = \int_{t_0}^{t}|\varphi_1(s) - \varphi_2(s)|ds$, $t_0 \le t \le b$. Então, $R'(t) - KR(t) \le |\varphi_1(t_0) - \varphi_2(t_0)| + (\varepsilon_1 + \varepsilon_2)(t - t_0)$ e multiplicando ambos os lados desta expressão por $e^{-K(t-t_0)}$ e integrando entre t_0 e t resulta

$$R(t) \le \frac{|\varphi_1(t_0) - \varphi_2(t_0)|}{K}(e^{K(t-t_0)} - 1) - \frac{(\varepsilon_1 + \varepsilon_2)}{K^2}(1 + K(t - t_0))$$
$$+ \frac{(\varepsilon_1 + \varepsilon_2)}{K^2} e^{K(t-t_0)}.$$

Combinando esta desigualdade com (∗∗) segue-se o resultado.)

(ii) Sejam $f_m : \mathbb{R} \times \mathbb{R}^n \to \mathbb{R}^n$ tais que $f_m \to f_0$ uniformemente em $I \times \mathbb{R}^n$ e todas têm a mesma constante de Lipschitz K. Se φ_m é a solução de

$$x' = f_m(t, x), \quad x(t_0) = x_m,$$

use (i) para provar que φ_m tende uniformemente em I para φ_0 se $x_m \to x_0$.

(iii) Usando a desigualdade em (i) e as aproximações poligonais contruídas no exercício 22, prove o Teorema de Picard.

37. Seja $f : \mathbb{R}^2 \to \mathbb{R}$ contínua. Suponha que existem duas soluções $\varphi_1, \varphi_2 :$ $[0, 1] \to \mathbb{R}$ de $x' = f(t, x)$ satisfazendo

$$\mathrm{Graf}\,\varphi_1 \cap \mathrm{Graf}\,\varphi_2 = \{(0, p), (1, q)\}$$

e $\mathrm{Graf}\,\varphi_1 \cup \mathrm{Graf}\,\varphi_2 = \{$fronteira de uma região D homeomorfa a um disco$\}$. Prove que para todo $x \in D$ existe uma solução φ de $x' = f(t, x)$ tal que seu gráfico contém $(0, p)$, $(1, q)$ e x.

38. Seja f uma função contínua no intervalo $B_b = [x_0 - b, x_0 + b]$. Considere a extensão $\bar{f}$ definida por $f(x) = f(x_0 + b)$, se $x \ge x_0 + b$, e $f(x) = f(x_0 - b)$, se $x \le x_0 - b$. Prove que

$$f_\varepsilon(x) = \frac{\int_{-\varepsilon}^{\varepsilon} \bar{f}(x + s)\,ds}{2\varepsilon}, \varepsilon > 0,$$

é de Lipschitz em B_b. Estime a constante de Lipschitz pela inclinação das secantes do gráfico de $\bar{f}$. Melhor ainda, prove que f_ε é continuamente diferenciável (*suave*). Calcule a derivada em termos das inclinações das secantes acima citadas.

Prove também que, em B_b, $\sup|f_\varepsilon| \le \sup|f|$ e que $f_\varepsilon \to f$, uniformemente, quando $\varepsilon \to 0$.

Use estes fatos para provar o Teorema de Peano, 1.13, num quadrado do plano com o mesmo α que no Teorema de Picard, 1.8.

Ver um tratamento mais elaborado, multidimensional, da aproximação por funções suaves em Hartman [10], p. 6.

2
EQUAÇÕES DIFERENCIAIS LINEARES

Para a classe das equações lineares é possível um alto grau de perfeição no conhecimento das propriedades de suas soluções. No caso de coeficientes constantes é possível resolvê-las, com auxílio da álgebra linear, em termos de funções elementares.

Este conhecimento apurado é importante para o estudo local das soluções de uma equação não linear, que é feito através da comparação com as soluções do sistema linear que a aproxima. É um processo semelhante ao que ocorre no Cálculo Diferencial, onde obtêm-se informações locais sobre uma função a partir de sua derivada.

Assim, para compreender o comportamento das soluções da equação do pêndulo com fricção

$$x'' + \varepsilon x' + g \operatorname{sen} x = 0$$

na vizinhança de $(0,0)$, estuda-se a equação linearizada

$$x'' + \varepsilon x' + g x = 0.$$

Neste capítulo nos limitaremos a estabelecer as propriedades gerais das soluções das equações diferenciais lineares. Somente nos capítulos 3, 4 e 5 relacionaremos com precisão as propriedades das equações não lineares com as das obtidas delas por linearização. Para isso será fundamental o estudo que faremos nas seções 5 e 6, dos sistemas lineares hiperbólicos.

1. Preliminares

Salvo menção explícita em contrário, neste capítulo $\mathbb{E}$ representará o espaço euclidiano n-dimensional real $\mathbb{R}^n$ ou complexo $\mathbb{C}^n$, com a norma

$$|x| = \sup |x_i|, \ x = (x_1, x_2, \ldots, x_n), \ x_i \in \mathbb{R} \text{ ou } \mathbb{C}.$$

Sejam I um intervalo e a_{ij}, b_i, $i, j = 1, \ldots, n$, funções contínuas em I, com valores reais ou complexos.

38   Equações Diferenciais Ordinárias — *Jorge Sotomayor*

Consideraremos um sistema de n equações da forma

$$\begin{cases} x_1' &= a_{11}(t)x_1 + \cdots + a_{1n}(t)x_n + b_1(t), \\ &\vdots \\ x_n' &= a_{n1}(t)x_1 + \cdots + a_{nn}(t)x_n + b_n(t), \end{cases} \tag{2.1}$$

que é denotado abreviadamente por

$$x_i' = \sum_{j=1}^{n} a_{ij}(t)x_j + b_i(t), \ i = 1, 2, \ldots, n.$$

Uma família de funções $\{\varphi_1, \varphi_2, \ldots, \varphi_n\}$, reais ou complexas, de classe C^1 num intervalo $I_0 \subset I$, chama-se *solução do sistema* (2.1) em I_0 se para todo $t \in I_0$

$$\frac{d\varphi_i(t)}{dt} = \sum_{j=1}^{n} a_{ij}(t)\varphi_j(t) + b_i(t), \ i = 1, \ldots, n.$$

A equação vetorial

$$x' = A(t)x + b(t), \tag{2.2}$$

onde $A(t) = (a_{ij}(t))$ é a matriz $n \times n$, cujos elementos são $a_{ij}(t)$, e $b(t) = (b_i(t))$ é o vetor coluna cujas coordenadas são $b_i(t)$, é equivalente ao sistema (2.1) no seguinte sentido: uma família $\{\varphi_1, \varphi_2, \ldots, \varphi_n\}$ é solução de (2.1) em I_0 se, e somente se, a aplicação $\varphi = (\varphi_1, \varphi_2, \ldots, \varphi_n)$ é solução de (2.2) em I_0, isto é, se

$$\varphi'(t) = A(t)\varphi(t) + b(t), \ \forall t \in I_0.$$

O sistema (2.1) ou a equação (2.2) em $I \times \mathbb{E}$ chama-se *linear*; se $b_i(t) = 0$, chama-se *linear homogênea*.

Embora, neste livro, estejamos interessados principalmente no caso real ($\mathbb{E} = \mathbb{R}^n$) trataremos, simultaneamente, do caso complexo que é obtido, na sua maior parte, sem esforço adicional.

2. Propriedades gerais

Teorema 2.1

Para todo $(t_0, x_0) \in I \times \mathbb{E}$ existe uma única solução $\varphi(t) = \varphi(t, t_0, x_0)$ de (2.2) definida em I tal que $\varphi(t_0) = x_0$.

Nota

A prova dada a seguir ilustra o "método das aproximações sucessivas" e é direta e elementar. Porém, ela é essencialmente idêntica à prova usando métodos de

Capítulo 2 — Equações Diferenciais Lineares   39

espaços métricos de funções contínuas, dada no capítulo 1, seção 4. Ver também exercício 24, capítulo 1.

Demonstração

Consideremos a sequência de aplicações φ_i de I em $\mathbb{E}$, dada por

$$\begin{cases} \varphi_0(t) = x_0, \\ \varphi_i(t) = x_0 + \displaystyle\int_{t_0}^t [A(s)\varphi_{i-1}(s) + b(s)]\mathrm{d}s, \ i \geq 1. \end{cases} \qquad (*)$$

Provaremos que para todo intervalo compacto $[a, b] \subset I$, a sequência φ_i converge uniformemente em $[a, b]$ para uma solução de (2.2). Sejam

$$K = \sup\{\|A(s)\|; \ s \in [a, b]\} \text{ e}$$
$$c = \sup\{|\varphi_1(s) - \varphi_0(s)|; \ s \in [a, b]\}.$$

Notemos que

$$|\varphi_2(t) - \varphi_1(t)| = \left|\int_{t_0}^t A(s)[\varphi_1(s) - \varphi_0(s)]\mathrm{d}s\right|$$
$$\leq \left|\int_{t_0}^t |A(s)[\varphi_1(s) - \varphi_0(s)]|\mathrm{d}s\right|$$
$$\leq Kc|t - t_0|,$$
$$|\varphi_3(t) - \varphi_2(t)| = \left|\int_{t_0}^t A(s)[\varphi_2(s) - \varphi_1(s)]\mathrm{d}s\right|$$
$$\leq \left|\int_{t_0}^t |A(s)[\varphi_2(s) - \varphi_1(s)]|\mathrm{d}s\right|$$
$$\leq \frac{K^2 c}{2!}|t - t_0|^2.$$

Por indução, temos

$$|\varphi_{i+1}(t) - \varphi_i(t)| \leq \frac{K^i c}{i!}|t - t_0|^i.$$

Portanto, temos que

$$\sup_{t \in [a,b]} |\varphi_{i+1}(t) - \varphi_i(t)| \leq \frac{[K(b-a)]^i c}{i!}.$$

Por ser $\frac{(K(b-a))^i c}{i!}$ o termo geral de uma série convergente, a série de aplicações $\varphi_i = \varphi_0 + (\varphi_1 - \varphi_0) + \cdots + (\varphi_i - \varphi_{i-1})$ converge uniformemente em $[a, b]$, pelo critério de Weierstrass.

Denotemos por φ o limite (pontual) desta série. Notemos que este limite existe em I, pois I é união de intervalos compactos da forma $[a, b]$. Fazendo i tender a infinito em $(*)$ temos que, para todo $t \in I$,

$$\varphi(t) = x_0 + \int_{t_0}^{t} [A(s)\varphi(s) + b(s)]ds.$$

Derivando com respeito a t, verificamos que φ satisfaz (2.2).

Suponhamos que existe outra aplicação ψ que satisfaz (2.2) em I. Portanto, para $t \in I$,

$$\psi(t) = x_0 + \int_{t_0}^{t} [A(s)\psi(s) + b(s)]ds.$$

Denotemos por m o $\sup |\psi(t) - \varphi_1(t)|$, $t \in [a, b]$. Para $t \in [a, b]$, temos

$$|\psi(t) - \varphi_2(t)| = \left| \int_{t_0}^{t} A(s)(\psi(s) - \varphi_1(s))ds \right|$$

$$\leq \int_{t_0}^{t} |A(s)(\psi(s) - \varphi_1(s))|ds \leq Km|t - t_0|,$$

$$|\psi(t) - \varphi_3(t)| \leq \frac{K^2 m}{2!}|t - t_0|^2,$$

$$\vdots \quad \vdots$$

$$|\psi(t) - \varphi_i(t)| \leq \frac{K^{i-1} m}{(i-1)!}|t - t_0|^{i-1}.$$

Logo, $\psi(t) = \lim \varphi_i(t) = \varphi(t)$. Isto prova a unicidade de $\varphi(t) = \varphi(t, t_0, x_0)$. ∎

EXEMPLO 2.2

Se $\mathbb{E} = \mathbb{C}$ e $A(t) = a \in \mathbb{R}$ ou $\mathbb{C}$ e $b(t) \equiv 0$, temos que

$$\varphi_0(t) = x_0, \quad \varphi_1(t) = x_0(1 + ta),$$

$$\varphi_2(t) = x_0 \left(1 + ta + \frac{t^2}{2!}a^2 \right), \dots,$$

$$\varphi_i(t) = x_0 \left(1 + ta + \frac{t^2}{2!}a^2 + \cdots + \frac{t^i}{i!}a^i \right).$$

Portanto, $\varphi(t, x_0)$ solução, em $\mathbb{R}$, de

$$x' = ax, \quad x(0) = x_0,$$

é dada por $\varphi(t, x_0) = x_0 e^{ta}$. Ver Figura 2.1.

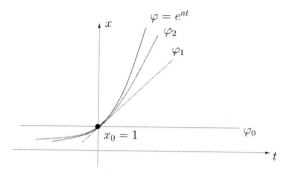

Fig. 2.1 *Aproximações sucessivas para* $\varphi = e^{at}$

Corolário 2.3

Sejam φ, ψ soluções da equação homogênea

$$x' = A(t)x. \qquad (2.3)$$

(a) Se a, b são constantes arbitrárias, reais ou complexas, então $\gamma = a\varphi + b\psi$ é solução de (2.3).

(b) Se $\varphi(s) = 0$ para algum $s \in I$, então $\varphi(t) = 0$, $\forall t \in I$.

Demonstração
(a)
$$\begin{aligned}
\frac{d\gamma(t)}{dt} &= a\frac{d\varphi}{dt}(t) + b\frac{d\psi}{dt}(t) \\
&= aA(t)\varphi(t) + bA(t)\psi(t) \\
&= A(t)[a\varphi(t) + b\psi(t)] \\
&= A(t)\gamma(t).
\end{aligned}$$

(b) É consequência imediata da unicidade das soluções, pois a função nula também é solução de (2.3). ■

Consideremos o espaço $\mathscr{C} = \mathscr{C}(I, \mathbb{E})$ das funções contínuas $\varphi : I \to \mathbb{E}$ como espaço vetorial munido das operações de soma de funções e produto de uma constante, real ou complexa conforme o caso, por uma função. Assim, neste espaço vetorial, $\varphi_1, \varphi_2, \ldots, \varphi_n$, são *linearmente dependentes* se existem constantes $c_1, c_2, \ldots, c_n$, não todas nulas, tais que $\sum c_i \varphi_i = 0 \in \mathscr{C}$, isto é, se para todo $t \in I$, $\sum c_i \varphi_i(t) = 0$.

Observemos o seguinte:

(i) O Corolário 2.3, parte (a), mostra que o conjunto $\mathscr{A}$ das soluções de (2.3) forma um subespaço vetorial de $\mathscr{C}$ (sobre os reais ou complexos, conforme o caso).

42   EQUAÇÕES DIFERENCIAIS ORDINÁRIAS — *Jorge Sotomayor*

(ii) Seja $s \in I$. Representemos por ε_s a aplicação de $\mathscr{A}$ em $\mathbb{E}$ dada por $\varepsilon_s(\varphi) = \varphi(s)$; ε_s é um isomorfismo de espaços vetoriais. É óbvio que ε_s é linear. Ela é sobre $\mathbb{E}$ pelo Teorema 2.1, pois $\varepsilon_s(\varphi(t,s,x_0)) = x_0$ para qualquer $x_0 \in \mathbb{E}$. Finalmente, o Corolário 2.3, parte (b), implica que o núcleo de ε_s é $\{0\}$, portanto, ela é biunívoca.

Em particular, $\dim \mathscr{A} = \dim \mathbb{E}$.

Resumindo estas propriedades, temos:

Proposição 2.4

O conjunto $\mathscr{A}$ de todas as soluções de (2.3) é um espaço vetorial de dimensão igual à dimensão de $\mathbb{E}$. Mais ainda, para cada $s \in I$, a aplicação que a $x_0 \in \mathbb{E}$ associa a solução $\varphi(t,s,x_0)$, que passa por (s,x_0), é um isomorfismo de $\mathbb{E}$ sobre $\mathscr{A}$. Em particular, se $v_1, v_2, \ldots, v_n$ formam uma base de $\mathbb{E}$, então $\varphi_1 = \varphi(t,s,v_1), \ldots,$ $\varphi_n = \varphi(t,s,v_n)$ formam uma base de $\mathscr{A}$; isto é, toda solução de (2.3) se exprime como combinação linear única de $\varphi_1, \ldots, \varphi_n$, com coeficientes reais ou complexos, segundo o caso.

Demonstração

Imediata, por (i) e (ii), acima. Observar que $\varepsilon_s^{-1}(x_0) = \varphi(t,s,x_0)$. ∎

Corolário 2.5

A aplicação $\phi_s^t : \mathbb{E} \to \mathbb{E}$ dada por $\phi_s^t(x) = \varphi(t,s,x)$, onde $\varphi(t,s,x)$ é a solução de (2.2) passando por (s,x) e tomada no ponto t, é um isomorfismo que tem as seguintes propriedades:

(a) $\phi_s^s = $ identidade;

(b) $\phi_s^t \circ \phi_u^s = \phi_u^t$;

(c) $\phi_s^t = [\phi_t^s]^{-1}$.

Demonstração

Imediata, pois $\phi_s^t = \varepsilon_t \circ \varepsilon_s^{-1}$. ∎

Consideremos agora as equações matriciais lineares

$$X' = A(t)X, \tag{2.4}$$

em $I \times M(n)$, onde $M(n)$ é o espaço das matrizes $X = (x_{ij})$ com n linhas e n colunas, de elementos reais ou complexos, identificado com o espaço $\mathbb{R}^{n^2}$ ou $\mathbb{C}^{n^2}$, com a norma $|X| = \sup |x_{ij}|$. A equação linear (2.4) chama-se *linear homogênea*.

Por ser (2.4) equivalente ao sistema do tipo (2.1),

$$x'_{ij} = \sum_{k=1}^{n} a_{ik}(t)x_{kj}, \ 1 \le i, j \le n,$$

e, portanto, a uma equação do tipo (2.2), o Teorema (2.1) se aplica neste caso para garantir a existência e unicidade, em I, das soluções de (2.4) que passam por $(t_0, X_0) \in I \times M(n)$. Isto também decorre da seguinte observação:

$\phi(t)$ é solução de (2.4) se, e somente se, para todo $1 \le j \le n$ a j-ésima coluna $\phi_j(t)$ de $\phi(t)$ é solução da equação homogênea $x' = A(t)x$.

Definição 2.6

Uma matriz $\phi(t)$ de ordem $n \times n$ cujas colunas formam uma base do espaço de soluções de (2.3) chama-se matriz fundamental de (2.3).

A partir do Corolário 2.3, parte (b), temos que uma matriz $\phi(t)$ é uma matriz fundamental de (2.3) se, e somente se, $\phi(t)$ é uma solução de (2.4) tal que para algum $t_0 \in I$, e portanto para todo $t_0 \in I$, $\phi(t_0)$ é não singular. Pelo Teorema 2.1, dado $t_0 \in I$ e M_0 uma matriz não singular, existe uma única matriz fundamental ϕ tal que $\phi(t_0) = M_0$.

Por substituição direta verifica-se que se $\phi(t)$ é uma solução de (2.4), então para toda matriz C, $n \times n$, $\psi(t) = \phi(t)C$ é também solução de (2.4).

Proposição 2.7

Sejam $\phi(t)$ e $\psi(t)$ soluções de (2.4), sendo ϕ fundamental. Existe uma única matriz C de ordem $n \times n$ tal que para todo $t \in I$

$$\psi(t) = \phi(t)C.$$

C é não singular se, e somente se, $\psi(t)$ é fundamental.

Demonstração

Temos

$$(\phi^{-1}(t)\psi(t))' = (\phi^{-1}(t))'\psi(t) + (\phi^{-1}(t))\psi'(t).$$

Mas $(\phi^{-1}(t))' = -\phi^{-1}(t)\phi'(t)\phi^{-1}(t) = -\phi^{-1}(t)A(t)$. Portanto,

$$(\phi^{-1}(t)\psi(t))' = -\phi^{-1}(t)A(t)\psi(t) + \phi^{-1}(t)A(t)\psi(t) = 0.$$

Por conseguinte,

$$\phi^{-1}(t)\psi(t) = C.$$

∎

Exemplos 2.8

(a) No caso $n = 1$, $A(t) = a(t)$ e $x' = a(t)x$, temos que $\phi(t) = e^{\int_{t_0}^t a(s)ds}$ é uma matriz fundamental. Aqui, $\varphi(t, t_0, x_0) = x_0 e^{\int_{t_0}^t a(s)ds}$ é a solução que passa por (t_0, x_0).

(b) Seja $A(t)$ definida em $I = \mathbb{R}$ e periódica de período τ, isto é, $A(t + \tau) = A(t)$, para todo $t \in \mathbb{R}$. Seja ϕ uma matriz fundamental de (2.3). Existe C não singular tal que

$$\phi(t + \tau) = \phi(t)C.$$

De fato, $\psi(t) = \phi(t + \tau)$ é também matriz fundamental, pois

$$\psi'(t) = \phi'(t + \tau) = A(t + \tau)\phi(t + \tau) = A(t)\psi(t).$$

A aplicação da Proposição 2.7 conclui o argumento.

O teorema seguinte mostra que o conhecimento de uma matriz fundamental de (2.3) implica no conhecimento da "solução geral" de (2.2).

Teorema 2.9

Se $\phi(t)$ é uma matriz fundamental de (2.3), então a solução $\varphi(t, t_0, x_0)$ de (2.2) tal que $\varphi(t_0, t_0, x_0) = x_0$ é dada por

$$\varphi(t, t_0, x_0) = \phi(t)\left[\phi^{-1}(t_0)x_0 + \int_{t_0}^t \phi^{-1}(s)b(s)ds\right]. \tag{2.5}$$

Em particular, $\varphi(t, t_0, x_0) = \phi(t)\phi^{-1}(t_0)x_0$, no caso homogêneo.

Demonstração

Imediata por substituição direta em (2.2). Indicaremos o processo heurístico que motiva a fórmula (2.5), chamada na terminologia clássica "fórmula de variação dos parâmetros".

Seja $C(t)$, vetor coluna, tal que $\varphi(t) = \varphi(t, t_0, x_0) = \phi(t)C(t)$. Então

$$A(t)\varphi(t) + b(t) = \varphi'(t) = \phi'(t)C(t) + \phi(t)C'(t)$$
$$= A(t)\phi(t)C(t) + \phi(t)C'(t) = A(t)\varphi(t) + \phi(t)C'(t).$$

Por conseguinte,

$$C'(t) = \phi^{-1}(t)b(t)$$

e como $C(t_0) = \phi^{-1}(t_0)x_0$, temos

$$C(t) = \phi^{-1}(t_0)x_0 + \int_{t_0}^t \phi^{-1}(s)b(s)ds. \qquad \blacksquare$$

Proposição 2.10 Fórmula de Liouville

Seja $\phi(t)$ uma matriz cujas colunas são soluções de (2.3). Então para todo $t \in I$ e $t_0 \in I$ fixo,

$$\det \phi(t) = \det [\phi(t_0)] e^{\int_{t_0}^{t} \text{traço } A(s) ds},$$

onde traço $A = \sum_{i=1}^{n} a_{ii}$, se $A = (a_{ij})$.

Demonstração

É suficiente provar que $\varphi(t) = \det \phi(t)$ é solução da equação $x' = [\text{traço } A(t)]x$.

Derivando $\varphi(t) = \det \phi(t) = \det (\phi_1, \ldots, \phi_n)$, como função n-linear alternada das colunas de $\phi(t)$, temos

$$\varphi'(t) = \sum_{i=1}^{n} \det (\phi_1(t), \ldots, \phi_i'(t), \ldots, \phi_n(t))$$

$$= \sum_{i=1}^{n} \det (\phi_1(t), \ldots, A(t)\phi_i(t), \ldots, \phi_n(t)).$$

É suficiente supor que $\phi(t)$ é fundamental, caso contrário o teorema é trivialmente satisfeito. Exprimamos para cada t o vetor $A(t)\phi_i(t)$ em termos da base $\{\phi_1(t), \ldots, \phi_n(t)\}$ de $\mathbb{E}$,

$$A(t)\phi_i(t) = \sum_{j=1}^{n} \alpha_{ij}(t)\phi_j(t).$$

Isto é, a matriz $(\alpha_{ij}(t))$ é a matriz do operador $x \to A(t)x$ na base $\{\phi_i(t)\}$. Lembrando que o traço não depende da expressão matricial do operador, temos

$$\text{traço } A(t) = \sum_{i=1}^{n} \alpha_{ii}(t) = \sum_{i=1}^{n} a_{ii}(t).$$

Logo,

$$\varphi'(t) = \sum_{i=1}^{n} \det (\phi_1(t), \ldots, \sum_{j=1}^{n} \alpha_{ij}(t)\phi_j(t), \ldots, \phi_n(t))$$

$$= \sum_{i=1}^{n} \alpha_{ii}(t) \det (\phi_1(t), \ldots, \phi_i(t), \ldots, \phi_n(t))$$

$$= [\text{traço } A(t)]\varphi(t). \qquad \blacksquare$$

3. Equações lineares com coeficientes constantes

Consideremos agora a equação linear homogênea

$$x' = Ax, \tag{2.6}$$

onde A é uma matriz real ou complexa de ordem $n \times n$. Esta é a equação associada ao campo vetorial definido pela aplicação linear $x \to Ax$.

46 Equações Diferenciais Ordinárias — *Jorge Sotomayor*

Seja $\phi(t)$ a matriz fundamental de (2.6) tal que $\phi(0) = E$ (identidade). É claro, pelo Teorema 2.1, da seção 2, que ϕ está definida para todo $t \in \mathbb{R}$.

No caso $n = 1$, $A = a \in \mathbb{R}$ ou $\mathbb{C}$, e temos $\phi(t) = e^{at}$. Na seguinte proposição mostraremos que a aplicação $t \to \phi(t)$ tem propriedades análogas à função exponencial. Isto motivará a definição de exponencial de matrizes.

Proposição 2.11

(a) $\phi'(t) = A\phi(t)$, $\phi(0) = E$;

(b) para todo $t, s \in \mathbb{R}$, $\phi(t + s) = \phi(t)\phi(s)$;

(c) $[\phi(t)]^{-1} = \phi(-t)$;

(d) a série

$$\sum_{k=0}^{\infty} \frac{t^k A^k}{k!} \tag{2.7}$$

converge para $\phi(t)$ em $\mathbb{R}$, uniformemente em cada intervalo compacto.

Demonstração

(a) É óbvio, por definição de ϕ.

(b) Fixado s, $\psi(t) = \phi(t + s)$ e $\theta(t) = \phi(t)\phi(s)$ são soluções de $X' = AX$, $X(0) = \phi(s)$. A prova segue então da unicidade das soluções.

(c) Segue de (b), fazendo $s = -t$.

(d) É imediata a partir da prova do Teorema 2.1 aplicada à equação linear homogênea $X' = AX$, $X(0) = E$.

É suficiente observar que a sequência ϕ_k de aplicações de $\mathbb{R}$ no espaço das matrizes $n \times n$ definida por

$$\phi_0(t) = E, \quad \phi_{k+1}(t) = E + \int_{t_0}^{t} A\phi_k(s)ds$$

é a sequência das somas parciais da série (2.7).

De fato,

$$\phi_1(t) = E + \int_0^t AE ds = E + tA,$$

$$\phi_2(t) = E + \int_0^t A(E + As)ds = E + tA + \frac{t^2 A^2}{2!},$$

$$\vdots$$

$$\phi_k(t) = E + \int_0^t A\left(\sum_{j=0}^{k-1} \frac{s^j A^j}{j!}\right)ds = \sum_{j=0}^{k} \frac{t^j A^j}{j!}. \qquad \blacksquare$$

Definição 2.12

A matriz e^A definida por $\phi(1)$ chama-se exponencial da matriz A.

Reescrevendo a Proposição 2.11 temos que

(a) $\dfrac{de^{tA}}{dt} = Ae^{tA}, \quad e^{0A} = E;$

(b) $e^{(t+s)A} = e^{tA}e^{sA};$

(c) $(e^{tA})^{-1} = e^{-tA};$

(d) $e^{tA} = \displaystyle\sum_{k=0}^{\infty} \dfrac{t^k A^k}{k!},$

sendo a convergência da série uniforme em cada intervalo compacto.

Definição 2.13

Uma aplicação $\varphi : \mathbb{R} \times \mathbb{E} \to \mathbb{E}$ de classe C^1 é dita um *fluxo* se:

(i) $\varphi(0, x) = x;$

(ii) $\varphi(t + s, x) = \varphi(t, \varphi(s, x)), \ t, s \in \mathbb{R}.$

Um fluxo chama-se *linear* se para cada $t \in \mathbb{R}$, $\varphi_t(x) = \varphi(t, x)$ é uma aplicação linear em $\mathbb{E}$.

Demonstramos a seguir que para cada fluxo linear existe uma única matriz A tal que

$$\varphi_t(x) = e^{tA}x.$$

De fato, se f é dada por

$$f(x) = \left.\frac{\partial \varphi}{\partial t}(t, x)\right|_{t=0},$$

então f é linear, pois

$$f(ax + by) = \left.\frac{\partial \varphi(t, ax + by)}{\partial t}\right|_{t=0} = \left.\frac{\partial[a\varphi(t, x) + b\varphi(t, y)]}{\partial t}\right|_{t=0}$$
$$= af(x) + bf(y).$$

Logo, f é definida por uma matriz A, $f(x) = Ax$ e isto implica $\varphi(t, x) = e^{tA}x$, pois para x fixo, ambas são soluções de

$$y' = Ay, \quad y(0) = x.$$

48 Equações Diferenciais Ordinárias — *Jorge Sotomayor*

Um estudo mais geral dos fluxos e sua relação com as equações diferenciais ordinárias será feito no capítulo 3.

Exemplo 2.14

(a) Introduzimos a notação $\text{diag}(A_1, A_2, \ldots, A_m)$ para designar a matriz

$$\begin{pmatrix} A_1 & 0 & \cdots & 0 \\ 0 & A_2 & \cdots & 0 \\ \vdots & \vdots & & \vdots \\ 0 & 0 & \cdots & A_m \end{pmatrix},$$

que tem blocos quadrados, A_i, de diversas ordens, na diagonal principal, sendo nulos seus elementos restantes. Temos

$$e^{tA} = \text{diag}(e^{tA_1}, e^{tA_2}, \ldots, e^{tA_m}).$$

De fato,

$$\begin{aligned} e^{tA} &= \sum_{k=0}^{\infty} \frac{1}{k!} [\text{diag}(A_1, A_2, \ldots, A_m)]^k t^k \\ &= \sum_{k=0}^{\infty} \frac{1}{k!} \text{diag}(A_1^k t^k, A_2^k t^k, \ldots, A_m^k t^k) \\ &= \text{diag}\left(\sum_{k=0}^{\infty} \frac{A_1^k t^k}{k!}, \sum_{k=0}^{\infty} \frac{A_2^k t^k}{k!}, \ldots, \sum_{k=0}^{\infty} \frac{A_m^k t^k}{k!} \right) \\ &= \text{diag}(e^{tA_1}, e^{tA_2}, \ldots, e^{tA_m}). \end{aligned}$$

Em particular, se $A = \text{diag}(a_1, a_2, \ldots, a_m)$, $a_i \in \mathbb{R}$ ou $\mathbb{C}$, então

$$e^{tA} = \text{diag}(e^{a_1 t}, \ldots, e^{a_m t}).$$

(b) Se $I(\alpha, \beta) = \begin{pmatrix} \alpha & \beta \\ -\beta & \alpha \end{pmatrix}$, então

$$e^{tI(\alpha,\beta)} = e^{t\alpha} \begin{pmatrix} \cos t\beta & \text{sen}\, t\beta \\ -\text{sen}\, t\beta & \cos t\beta \end{pmatrix}.$$

Este fato segue-se, por verificação direta de que

$$\varphi_1(t) = e^{\alpha t}(\cos t\beta, -\text{sen}\, t\beta) \quad \text{e}$$
$$\varphi_2(t) = e^{\alpha t}(\text{sen}\, t\beta, \cos t\beta),$$

as colunas da matriz, são soluções da equação (2.6), com $A = I(\alpha, \beta)$, e satisfazem a $\varphi_1(0) = (1, 0)$ e $\varphi_2(0) = (0, 1)$.

Capítulo 2 — Equações Diferenciais Lineares 49

(c) Se A é nilpotente, isto é, existe inteiro positivo r tal que $A^r = 0$, então

$$e^{tA} = E + At + \cdots + \frac{A^{r-1}t^{r-1}}{(r-1)!}.$$

Um exemplo de matriz nilpotente é o seguinte:

$$E_1 = \begin{pmatrix} 0 & 1 & 0 & \cdots & 0 \\ 0 & 0 & 1 & \cdots & 0 \\ 0 & 0 & 0 & \cdots & 0 \\ \vdots & \vdots & \vdots & & 1 \\ 0 & 0 & 0 & \cdots & 0 \end{pmatrix}.$$

Isto é, E_1 é a matriz $n \times n$, com todos os elementos da forma $a_{i\,(i+1)}$, localizados uma posição à direita da diagonal principal, iguais a 1 e o resto dos elementos iguais a 0. E_1 é nilpotente, pois E_1^k é a matriz cujos elementos k posições à direita da diagonal principal são iguais a 1 e os restantes elementos são iguais a zero. Logo, $E_1^n = 0$.

Em particular,

$$e^{tE_1} = E + tE_1 + \frac{t^2 E_1^2}{2!} + \cdots + \frac{t^{n-1} E_1^{n-1}}{(n-1)!}$$

ou mais explicitamente,

$$e^{tE_1} = \begin{pmatrix} 1 & t & t^2/2! & \cdots & \cdots & t^{n-1}/(n-1)! \\ 0 & 1 & t & t^2/2! & \cdots & t^{n-2}/(n-2)! \\ \vdots & & & & & \vdots \\ \vdots & & & & & t^2/2! \\ \vdots & & & & & t \\ 0 & 0 & 0 & \cdots & 0 & 1 \end{pmatrix}.$$

Proposição 2.15

(i) Seja C tal que $BC = CA$. Então $e^{tB}C = Ce^{tA}$.

(ii) Se $AB = BA$, então para todo t

$$e^{tA}B = Be^{tA} \quad \text{e} \quad e^{tA}e^{tB} = e^{t(A+B)}.$$

Demonstração

(i) Segue da Proposição 2.11(d) por ser $B^k C = C A^k$ para todo k, donde

$$e^{tB} C = \left(\sum_{k=0}^{\infty} \frac{B^k t^k}{k!} \right) C = \sum_{k=0}^{\infty} \frac{(B^k C) t^k}{k!}$$

$$= \sum_{k=0}^{\infty} \frac{(C A^k) t^k}{k!} = C \sum_{k=0}^{\infty} \frac{A^k t^k}{k!} = C e^{At}.$$

(ii) A primeira parte de (ii) segue imediatamente de (i). A segunda parte de (ii) decorre de que tanto $e^{tA} e^{tB}$ como $e^{t(A+B)}$ são soluções da equação $X' = (A+B)X$, $X(0) = E$. De fato,

$$(e^{tA} e^{tB})' = A e^{tA} e^{tB} + e^{tA} B e^{tB} = A e^{tA} e^{tB} + B e^{tA} e^{tB} = (A+B) e^{tA} e^{tB}. \qquad \blacksquare$$

Observação

Trabalhando com exponenciais de matrizes é preciso lembrar que não é verdade, em geral, que $e^{(A+B)} = e^A e^B$. Também não é verdade, em geral, que $e^{\int_{t_0}^{t} A(s) ds}$ seja uma solução da equação $X' = A(t)X$. Ver exercícios 16, 17 e 18.

Exemplo 2.16

(a) Seja $J(\lambda) = \lambda E + E_1$, onde E_1 é a matriz nilpotente definida no Exemplo 2.14(c). Temos $\lambda E \cdot E_1 = E_1(\lambda E)$. Portanto, a Proposição 2.15 implica em

$$e^{tJ(\lambda)} = e^{t(\lambda E + E_1)} = e^{\lambda t} \cdot e^{tE_1}$$

$$= e^{\lambda t} \left[E + E_1 t + \frac{E_1^2 t^2}{2!} + \cdots + \frac{E_1^{n-1} t^{n-1}}{(n-1)!} \right]$$

$$= e^{\lambda t} \begin{pmatrix} 1 & t & \cdots & \cdots & \frac{t^{n-1}}{(n-1)!} \\ 0 & 1 & & & \vdots \\ \vdots & & & & t \\ 0 & 0 & \cdots & 0 & 1 \end{pmatrix}.$$

(b) Analogamente, para $J(\alpha, \beta) = \text{diag}[I(\alpha, \beta), \ldots, I(\alpha, \beta)] + E_2$, onde $I(\alpha, \beta) = \begin{pmatrix} \alpha & \beta \\ -\beta & \alpha \end{pmatrix}$ e $E_2 = E_1^2$, temos

$$\text{diag}[I(\alpha, \beta), \ldots, I(\alpha, \beta)] E_2 = E_2 \text{diag}[I(\alpha, \beta), \ldots, I(\alpha, \beta)].$$

Portanto,

$$e^{tJ(\alpha, \beta)} = \text{diag}\left[e^{tI(\alpha, \beta)}, \ldots, e^{tI(\alpha, \beta)} \right] \cdot e^{tE_2} = e^{\alpha t} \text{diag}\left[R(t, \beta), \ldots, R(t, \beta) \right] e^{tE_2},$$

onde $R(t, \beta) = \begin{pmatrix} \cos t\beta & \text{sen}\, t\beta \\ -\text{sen}\, t\beta & \cos t\beta \end{pmatrix}$. Ver Exemplo 2.14(b).

OBSERVAÇÃO

No Exemplo 2.16(a) o valor próprio λ de $J(\lambda)$ tem multiplicidade n, se $J(\lambda)$ é $n \times n$. No Exemplo 2.16(b), com α e β reais, $J(\alpha, \beta)$ tem os valores próprios $\lambda = \alpha + i\beta$ e $\overline{\lambda} = \alpha - i\beta$, cada um com multiplicidade $n/2$, se $J(\alpha, \beta)$ é $n \times n$.

As matrizes $J(\lambda)$ e $J(\alpha, \beta)$ são os blocos que aparecem na diagonal da forma de Jordan real de uma matriz, que será considerada com maiores detalhes na seção 5.

Para referência futura determinaremos o comportamento assintótico de suas exponenciais. Precisaremos do seguinte lema.

LEMA 2.17 Lema de Cálculo

Seja $\varepsilon > 0$. Então para todo $k > 0$, $\lim_{t \to \infty} e^{-\varepsilon t} t^k = 0$. Daí, para qualquer polinômio $p(t)$, $e^{-\varepsilon t} p(t)$ é limitado para $t \geq 0$.

DEMONSTRAÇÃO

Segue da regra de l'Hospital aplicada várias vezes a $s^{-k}/e^{\varepsilon/s}$, obtida da função $e^{-\varepsilon t} t^k$ após a mudança de variáveis $t = s^{-1}$.

Isto também decorre da observação seguinte: para $t \geq 0$,

$$e^{\varepsilon t}/t^k > (\varepsilon t)^{k+1}/(k+1)! t^k,$$

que tende para $+\infty$ se $t \to \infty$. Portanto, $\lim_{t \to \infty} e^{-\varepsilon t} t^k = 0$. ∎

PROPOSIÇÃO 2.18

Seja $0 < \mu < -\alpha = -\text{Re}(\lambda)$. Então existe constante $K \geq 1$ tal que

$$\|e^{tJ(\lambda)}\| \leq Ke^{-t\mu}, \quad t \geq 0,$$
$$\|e^{tJ(\alpha, \beta)}\| \leq Ke^{-t\mu}, \quad t \geq 0.$$

DEMONSTRAÇÃO

Pelo Exemplo 2.16(a) temos, para $\varepsilon = -\mu - Re(\lambda) > 0$,

$$\|e^{tJ(\lambda)}\| \leq |e^{\lambda t}| \|E + E_1 t + \cdots + \frac{E_1^{n-1}}{(n-1)!} t^{n-1}\|$$
$$\leq e^{-\mu t} \left[e^{-\varepsilon t}(a_0 + a_1 t + \cdots + a_{n-1} t^{n-1}) \right],$$

onde $a_0 = \|E\| = 1$ e $a_i = \frac{\|E_1^i\|}{i!}$, $i = 1, \ldots, n-1$.

52 EQUAÇÕES DIFERENCIAIS ORDINÁRIAS — *Jorge Sotomayor*

Pelo lema 2.17, existe K tal que para $t \geq 0$,

$$e^{-\varepsilon t} \left[\sum_{i=0}^{n-1} a_i t^i \right] \leq K.$$

A prova do outro caso é similar. ∎

LEMA 2.19

Seja A uma matriz complexa (respectivamente, real). Se λ é um valor próprio complexo (respectivamente, valor próprio real) de A e v é um vetor próprio correspondente, então $\varphi(t) = e^{\lambda t} v$ é uma solução da equação complexa (respectivamente, real) (2.6).

DEMONSTRAÇÃO

$Av = \lambda v$. Logo, $\varphi'(t) = \lambda e^{\lambda t} v = A(e^{\lambda t} v) = A\varphi(t)$. ∎

PROPOSIÇÃO 2.20

Se a matriz complexa (respectivamente, real) A de ordem $n \times n$ tem valores próprios complexos (respectivamente, valores próprios reais) $\lambda_1, \lambda_2, \ldots, \lambda_n$ e $v_1, v_2, \ldots, v_n$ são vetores (próprios) linearmente independentes, com $Av_i = \lambda_i v_i$, então a matriz $V(t)$, cuja coluna i-ésima, $i = 1, \ldots, n$, é $\varphi_i(t) = v_i e^{\lambda_i t}$, é uma matriz fundamental de $x' = Ax$. Em particular,

$$e^{tA} = V(t)V^{-1}(0).$$

DEMONSTRAÇÃO

Óbvia a partir do Lema 2.19 e da independência linear dos $v_i = \varphi_i(0)$. A última parte segue da unicidade da solução de $X' = AX$, $X(0) = E$. ∎

OBSERVAÇÃO 2.21

Sejam A uma matriz real, $\lambda = \alpha + i\beta$ um valor próprio e $v = v_1 + iv_2$ um vetor próprio de A correspondente a λ. Então, $\overline{v} = v_1 - iv_2$ é um vetor próprio correspondente a $\overline{\lambda} = \alpha - i\beta$, pois $\overline{\lambda}\,\overline{v} = \overline{Av} = A\overline{v}$, por ser A real.

Pela Proposição 2.20, $\varphi(t) = e^{\lambda t} v$ e $\overline{\varphi}(t) = e^{\overline{\lambda} t}\overline{v}$ são soluções linearmente independentes da equação (2.6), com A considerada complexa. Logo,

$$\varphi_1(t) = \frac{1}{2}\left[\varphi(t) + \overline{\varphi}(t)\right] \quad \text{e} \quad \varphi_2(t) = \frac{1}{2i}\left[\varphi(t) - \overline{\varphi}(t)\right]$$

são soluções reais de (2.6), com $\varphi_1(0) = v_1$, $\varphi_2(0) = v_2$, como equação real. Por serem v_1, v_2 vetores de $\mathbb{R}^n$ linearmente independentes, segue-se que estas soluções são linearmente independentes. Os vetores v_1 e v_2 são linearmente independentes, pois, caso contrário teríamos $v_2 = cv_1$, donde $v = (1 + ic)v_1$ e $\overline{v} = (1 - ic)v_1$ resultariam linearmente dependentes em $\mathbb{C}^n$.

Por exemplo, se A é 2×2 temos que

$$\varphi_1(t) = e^{\alpha t}[v_1 \cos \beta t - v_2 \operatorname{sen} \beta t] = \operatorname{Re} \varphi(t),$$
$$\varphi_2(t) = e^{\alpha t}[v_1 \operatorname{sen} \beta t + v_2 \cos \beta t] = \operatorname{Im} \varphi(t)$$

é uma base de soluções de (2.6), onde $v_1 + i v_2$ é vetor próprio associado a $\lambda = \alpha + i\beta$. No caso geral, onde A é $n \times n$, temos que toda solução cuja condição inicial pertence ao plano gerado por $\{v_1, v_2\}$ de $\mathbb{R}^n$ é combinação linear de φ_1 e φ_2 e, consequentemente, está contida neste plano.

A seguir aplicaremos a Proposição 2.20 e a Observação 2.21 na determinação da configuração geométrica de todas as soluções dos sistemas lineares bidimensionais.

4. Sistemas bidimensionais simples

Consideremos agora sistemas reais da forma

$$\begin{cases} x_1' = a_{11} x_1 + a_{12} x_2, \\ x_2' = a_{21} x_1 + a_{22} x_2, \end{cases} \tag{2.8}$$

com $a_{ij} \in \mathbb{R}$ e $a_{11} a_{22} - a_{12} a_{21} \neq 0$.

Ou, equivalentemente, equações lineares homogêneas do tipo

$$x' = Ax, \text{ com } A = \begin{pmatrix} a_{11} & a_{12} \\ a_{21} & a_{22} \end{pmatrix} \quad \text{e} \quad \det A \neq 0. \tag{2.8'}$$

Estas equações são associadas a campos vetoriais lineares A em $\mathbb{R}^2$. A condição $\det A \neq 0$ é equivalente a que a origem $0 \in \mathbb{R}^2$ seja o único ponto onde A se anula, ou seja, o único ponto fixo do fluxo linear $\varphi(t, x) = e^{tA} x$. Este ponto fixo, ou todo o sistema, chama-se *simples* se $\det A \neq 0$.

O polinômio característico de A é

$$\lambda^2 - (\text{traço } A)\lambda + \det A.$$

Logo, os valores próprios são

$$\lambda_1, \lambda_2 = \frac{\text{traço } A \pm \sqrt{(\text{traço } A)^2 - 4 \det A}}{2}.$$

Distinguimos os seguintes casos:

(a) Os valores próprios λ_1, λ_2 de A são reais e distintos. Necessariamente, $\lambda_1, \lambda_2 \neq 0$.

(b) Os valores próprios são complexos conjugados: $\lambda_1 = \alpha + i\beta$, $\lambda_2 = \overline{\lambda}_1 = \alpha - i\beta$, com $\beta \neq 0$.

(c) Os valores próprios são reais e iguais: $\lambda_1 = \lambda_2 = \lambda \neq 0$.

Caso (a)

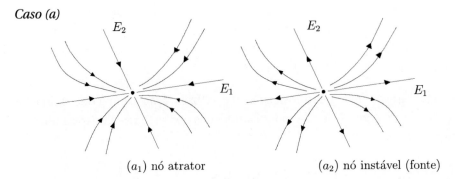

(a_1) nó atrator (a_2) nó instável (fonte)

Fig. 2.2 *Nós*

Sejam v_1, v_2 vetores próprios correspondentes aos valores próprios λ_1, λ_2. Denotemos por E_1, E_2 as retas geradas por estes vetores. A Proposição 2.20 da seção 3 garante que toda solução de (2.8') (isto é, trajetória de A) pode ser escrita na forma

$$\varphi(t) = c_1 e^{\lambda_1 t} v_1 + c_2 e^{\lambda_2 t} v_2.$$

Caso (a_1). $\lambda_2 < \lambda_1 < 0$, nó atrator.

Toda trajetória tende a 0, quando $t \to +\infty$; exceto a origem que permanece fixa, toda a trajetória tende a ∞, quando $t \to -\infty$. Se $c_1 \neq 0$, a reta tangente à trajetória tende à reta E_1, quando $t \to +\infty$. De fato, se $t \to +\infty$, $\frac{c_2 e^{\lambda_2 t}}{c_1 e^{\lambda_1 t}} = \frac{c_2}{c_1} e^{(\lambda_2 - \lambda_1)t} \to 0$, pois $\lambda_2 - \lambda_1 < 0$. Se $c_1 = 0$, as soluções são semiretas de E_2.

Na Figura 2.2 (a_1) está ilustrado o comportamento de todas as trajetórias. As setas indicam o sentido de percurso com t crescente.

Caso (a_2). $\lambda_2 > \lambda_1 > 0$, nó instável (fonte).

Discussão similar ao caso anterior, mudando o sentido das setas. Ver Figura 2.2 (a_2).

Caso (a_3). $\lambda_2 > 0 > \lambda_1$, sela.

As trajetórias que passam por pontos de E_1 ($c_2 = 0$) (ou de E_2 ($c_1 = 0$)) permanecem nesta reta e tendem para 0, quando $t \to +\infty$ (ou $t \to -\infty$). Se $c_1, c_2 \neq 0$, as soluções tendem a ∞, quando $t \to \pm\infty$. A componente segundo E_1 (respectivamente, E_2) tende a 0 (respectivamente, ∞), quando $t \to +\infty$, a componente segundo E_2 (respectivamente, E_1) tende a 0 (respectivamente, ∞). Ver Figura 2.3.

Capítulo 2 — Equações Diferenciais Lineares   55

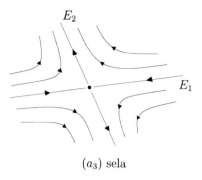

(a_3) sela

Fig. 2.3 *Sela*

Caso (b)

Da Observação 2.21 segue que toda solução de (2.8) pode ser escrita na forma

$$\varphi(t) = c_1 \varphi_1(t) + c_2 \varphi_2(t), \text{ onde}$$
$$\varphi_1(t) = e^{\alpha t}[\cos \beta t\, v_1 - \text{sen}\, \beta t\, v_2] \quad \text{e}$$
$$\varphi_2(t) = e^{\alpha t}[\text{sen}\, \beta t\, v_1 + \cos \beta t\, v_2].$$

Escrevemos $c_1 = \rho \cos \omega$, $c_2 = \rho \,\text{sen}\, \omega$. Temos

$$\varphi(t) = e^{\alpha t} \rho[(\cos \omega \cos \beta t + \text{sen}\,\omega\, \text{sen}\,\beta t) v_1 + (\text{sen}\,\omega \cos \beta t - \cos \omega\, \text{sen}\,\beta t) v_2]$$
$$= e^{\alpha t} \rho[\cos(\omega - \beta t) v_1 + \text{sen}(\omega - \beta t) v_2].$$

Caso (b_1). $\alpha = 0$, centro.

Todas as soluções, exceto a solução nula, são elipses. Ver Figura 2.4.

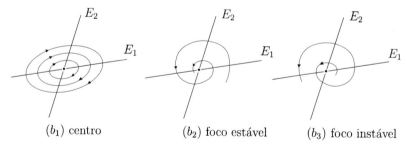

(b_1) centro   (b_2) foco estável   (b_3) foco instável

Fig. 2.4 *Centro e focos.*

Caso (b_2). $\alpha < 0$, foco atrator.

Toda solução tende para 0 espiralando em torno da origem quando $t \to +\infty$. Isto é, $|\varphi(t)| \to 0$ e $\omega - t\beta$, ângulo entre $\varphi(t)$ e E_1, tende para $+\infty$ ou $-\infty$, segundo β seja negativo ou positivo. Ver Figura 2.4 para o caso em que $\beta < 0$.

Caso (b₃). $\alpha > 0$, foco instável.

Toda solução tende para 0 espiralando em torno da origem, quando $t \to -\infty$. Ver Figura 2.4.

Caso (c). nó impróprio. Distinguimos dois casos.

Caso (c₁), *nó estrelado*

O núcleo de $A - \lambda E$ é bidimensional. Em outros termos, λ tem vetores próprios v_1, v_2 linearmente independentes. Pela Proposição 2.20 da seção 3, toda solução de (2.8) pode ser escrita na forma

$$\varphi(t) = e^{\lambda t}(c_1 v_1 + c_2 v_2).$$

Todas as órbitas, exceto a solução nula, são semiretas. Ver Figura 2.5.

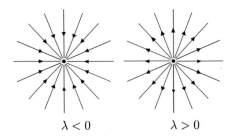

$\lambda < 0 \qquad \lambda > 0$

Fig. 2.5 *Nó impróprio estrelado* (c_1)

Caso (c₂)

O núcleo, E_1, de $A - \lambda I$ é unidimensional. Seja v um gerador de E_1 e w um vetor não colinear com v. A matriz do operador $x \to Ax$ na base $\{v, w\}$ é da forma

$$\begin{pmatrix} \lambda & \alpha \\ 0 & \mu \end{pmatrix}, \quad \alpha \neq 0,$$

pois $Av = \lambda v$, $Aw = \mu w + \alpha v$. Os valores próprios desta matriz são λ e μ. Logo, $\lambda = \mu$. Definindo $v_1 = \alpha v$ e $v_2 = w$, temos

$$Av_1 = \lambda v_1, \quad Av_2 = \lambda v_2 + v_1.$$

Usando estas propriedades da base $\{v_1, v_2\}$, verifica-se, por substituição direta, que

$$\varphi(t) = e^{\lambda t}[(c_1 + tc_2)v_1 + c_2 v_2]$$

é a solução de (2.8) por $\varphi(0) = c_1 v_1 + c_2 v_2$.

As órbitas que passam por E_1 ($c_2 = 0$), exceto a origem que é ponto fixo, são semiretas. Para toda outra órbita ($c_2 \neq 0$), a sua reta tangente tende a E_1, quando $t \to \pm\infty$, pois

$$\frac{c_2 e^{\lambda t}}{(c_1 + t c_2) e^{\lambda t}} = \frac{1}{\frac{c_1}{c_2} + t} \to 0.$$

Se $\lambda < 0$ (respectivamente, $\lambda > 0$), toda trajetória tende a 0, quando $t \to +\infty$ (respectivamente, $-\infty$). Ver Figura 2.6.

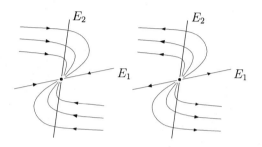

Fig. 2.6 *Nó impróprio* (c_2)

5. Conjugação de sistemas lineares

5.1 *Introdução*

Como em toda estrutura matemática, nas equações diferenciais e nos fluxos ou sistemas dinâmicos, levanta-se o problema de comparar dois objetos com a mesma estrutura, identificando-os se tiverem as mesmas propriedades essenciais pertinentes à estrutura. Assim, na Álgebra, dois grupos são considerados equivalentes se eles são isomorfos; na Topologia, dois espaços topológicos são identificados se são homeomorfos. Estas noções de equivalência ou identificação revelam o que há de essencial da estrutura nos dois objetos comparados. No primeiro caso o isomorfismo preserva a operação do grupo, no segundo caso o homeomorfismo preserva os conjuntos abertos dos espaços. Sendo a operação, na Álgebra, e os abertos, na Topologia, os elementos essenciais da estrutura respectiva, os conceitos de isomorfismo e homeomorfismo são satisfatórios para a comparação de dois objetos.

No caso das equações diferenciais ou fluxos, é inegável que as soluções ou trajetórias são os elementos mais relevantes. Portanto, é de se esperar que nesta estrutura qualquer noção de equivalência preserve, em alguma forma, as soluções ou trajetórias. Nesta seção trataremos dos sistemas de equações lineares ou fluxos lineares. A questão geral, para o caso não linear, é abordada no Capítulo 3.

58   EQUAÇÕES DIFERENCIAIS ORDINÁRIAS — *Jorge Sotomayor*

DEFINIÇÃO 2.22

Sejam $x \to Ax$ e $x \to Bx$ campos vetoriais lineares em $\mathbb{R}^n$. Estes campos, seus fluxos $\varphi(t,x) = e^{At}x$, $\psi(t,x) = e^{Bt}x$ ou seus sistemas de equações lineares associados

$$x' = Ax, \tag{2.9}$$

$$x' = Bx \tag{2.10}$$

são ditos *conjugados* se existe uma bijeção $h : \mathbb{R}^n \to \mathbb{R}^n$, chamada de *conjugação*, tal que para todo $t \in \mathbb{R}$ e $x \in \mathbb{R}^n$ tem-se

$$h(\varphi(t,x)) = \psi(t,h(x)).$$

Se h é, respectivamente, um isomorfismo linear, C^r-difeomorfismo, homeomorfismo, diz-se que (2.9) e (2.10) são *linearmente conjugados*, C^r-*diferenciavelmente conjugados, topologicamente conjugados*.

OBSERVAÇÃO 2.23

Claramente, a relação de conjugação é uma relação de equivalência entre sistemas lineares.

EXEMPLO 2.24

(1) Seja A matriz real 2×2 com valores próprios reais $\lambda_1 \neq \lambda_2$ e vetores próprios v_1, v_2. Então $h(x_1, x_2) = x_1 v_1 + x_2 v_2$ define uma conjugação linear entre $x' = \begin{pmatrix} \lambda_1 & 0 \\ 0 & \lambda_2 \end{pmatrix} x$ e $x' = Ax$. Este é o caso (a) da seção 4.

Analogamente, nos casos (b) e (d) da seção 4, resulta que os sistemas

$$x' = \begin{pmatrix} \alpha & \beta \\ -\beta & \alpha \end{pmatrix} x \quad \text{e} \quad x' = \begin{pmatrix} \lambda & 1 \\ 0 & \lambda \end{pmatrix} x$$

são conjugados linearmente ao sistema $x' = Ax$, onde A tem respectivamente valores próprios $\lambda_1 = \alpha + i\beta$, $\lambda_2 = \alpha - i\beta$ e $\lambda_1 = \lambda_2 = \lambda$, com $A - \lambda E \neq 0$.

O leitor verificará que $h(x_1, x_2) = x_1 v_1 + x_2 v_2$ é uma conjugação linear, onde v_1, v_2 são os vetores definidos em 4, caso (a).

(2) Um centro não pode ser conjugado a uma sela. Pois teremos que $h(\varphi(2\pi/\beta, x)) = \psi(2\pi/\beta, h(x)) = h(x)$ uma vez que $\varphi(2\pi/\beta, x) = x$, isto é, todas as trajetórias do centro, fora da origem, são periódicas de período $2\pi/\beta$. Contradição, pois a sela não tem trajetórias periódicas, isto é, $\psi(t_1, y) \neq \psi(t_2, y)$ se $t_1 \neq t_2$ e $y \neq 0$.

CAPÍTULO 2 — EQUAÇÕES DIFERENCIAIS LINEARES   59

(3) $h(x) = \begin{cases} x^\lambda, & x > 0, \\ 0, & x = 0, \\ -(-x)^\lambda, & x < 0 \end{cases}$

é uma conjugação topológica entre $x' = x$ e $x' = \lambda x$, $\lambda > 0$, $x \in \mathbb{R}$.

De fato, para $x > 0$, $h(e^t x) = e^{\lambda t} x^\lambda = e^{\lambda t} h(x)$; para $x = 0$ é óbvio; e para $x < 0$ é similar. É claro que se $\lambda \neq 1$, h não é difeomorfismo.

Da Proposição 2.28 resultará que se $\lambda \neq 1$, não existe nenhuma conjugação diferenciável entre estes sistemas.

PROPOSIÇÃO 2.25

A transformação linear $h : x \to Cx$ é uma conjugação linear entre (2.9) e (2.10) se, e somente se, a matriz C satisfaz a $CA = BC$. Em particular, (2.9) e (2.10) são linearmente conjugados se, e somente se, as matrizes A e B são similares.

DEMONSTRAÇÃO

Se $CA = BC$, a Proposição 2.15 da seção 3 implica que $Ce^{tA}x = e^{tB}Cx$, para todo x. Isto é, $h(x) = Cx$ é uma conjugação linear entre (2.9) e (2.10).

Se $h(x) = Cx$ satisfaz a $Ce^{tA}x = e^{tB}Cx$, derivando com respeito a t em $t = 0$ resulta

$$CAe^{tA}x|_{t=0} = CAx = Be^{tB}Cx|_{t=0} = BCx.$$

Logo,

$$CA = BC .$$ ∎

OBSERVAÇÃO 2.26

É claro que a relação de conjugação linear é uma relação de equivalência entre sistemas lineares. Segundo a proposição anterior, as classes de conjugação linear dos sistemas lineares estão determinadas pelas classes de similaridade das matrizes correspondentes. Consequentemente, o problema de determinar a classe de conjugação linear de um sistema reduz-se ao seguinte Teorema da Álgebra Linear, cuja demonstração pode ser encontrada em Hoffman-Kunze [11] ou Coelho-Lourenço [4].

TEOREMA 2.27 Forma Canônica de Jordan

Caso complexo. Seja A uma matriz complexa.

Existe uma matriz complexa C, não singular, tal que

$$J = C^{-1}AC = \text{diag}(J_1, J_2, \ldots, J_k),$$

onde cada J_i é da forma $J(\lambda) = \lambda E + E_1$, definido no Exemplo 2.16, e λ é um valor próprio de A. A soma das ordens dos blocos da forma $J(\lambda)$ é igual à multiplicidade de λ como raiz do polinômio característico de A.

60   EQUAÇÕES DIFERENCIAIS ORDINÁRIAS — *Jorge Sotomayor*

A matriz J chama-se forma de Jordan de A e é única, salvo a ordem dos blocos J_i. Finalmente, duas matrizes são similares se, e somente se, elas têm a mesma forma de Jordan.

Caso real. Seja A uma matriz real.

Existe uma matriz real C, não singular, tal que $J = C^{-1}AC = \mathrm{diag}(J_1, J_2, \ldots, J_k)$, onde cada J_i é da forma $J(\lambda)$ ou $J(\alpha, \beta)$ definidos no Exemplo 2.16 da seção 3, onde λ é valor próprio real e $\alpha + i\beta$ é valor próprio complexo.

A soma das ordens dos blocos da forma $J(\lambda)$ é igual á multiplicidade de λ como raiz do polinômio característico de A. A soma das ordens dos blocos da forma $J(\alpha, \beta)$ é igual ao dobro da multiplicidade de $\alpha + i\beta$ como raiz do polinômio característico de A. A matriz J chama-se forma canônica real de A e é única, salvo as ordem dos blocos e o sinal da parte imaginária β das raízes complexas de A. Duas matrizes reais são similares se, e somente se, têm a mesma forma canônica real.

Proposição 2.28

Os sistemas (2.9) e (2.10) são C^1-diferenciavelmente conjugados se, e somente se, A e B são similares. Em particular, dois sistemas são C^1-diferenciavelmente conjugados se, e somente se, são linearmente conjugados.

Demonstração

Se A e B são similares, a Proposição 2.25 implica que (2.9) e (2.10) são linearmente conjugados. Portanto, C^1-diferenciavelmente conjugados.

Seja h um difeomorfismo de classe C^1 tal que $h(e^{tA}x) = e^{tB}h(x)$, para todo t e x. Suponhamos inicialmente que $h(0) = 0$. Derivando com respeito a t, em $t = 0$, temos $Dh(x)Ax = Dh(e^{tA}x)Ax|_{t=0}$ e $Be^{tB}h(x)|_{t=0} = Bh(x)$, para todo x. Em particular, para $x = \lambda y$, $Dh(\lambda y)Ay = B\frac{h(\lambda y)}{\lambda}$. Quando $\lambda \to 0$, $Dh(\lambda y) \to Dh(0)$ por continuidade de Dh, e também $\frac{h(\lambda y)}{\lambda} \to Dh(0)y$. Logo, $Dh(0)A = BDh(0)$.

Se $h(0) = c \neq 0$, $k : x \to x - c$ é uma conjugação C^∞ diferenciável de (2.10) com ele próprio. De fato, $e^{tB}c = e^{tB}h(0) = h(e^{tA}0) = h(0) = c$. Logo, $k(e^{tB}x) = e^{tB}x - c = e^{tB}x - e^{tB}c = e^{tB}(x - c) = e^{tB}k(x)$. Portanto, $h_1 = k \circ h$ é uma conjugação C^1-diferenciável entre (2.9) e (2.10) tal que $h_1(0) = 0$. A última afirmativa decorre da Proposição 2.25.   ∎

Definição 2.29

Um sistema linear $x' = Ax$ (ou a origem de $\mathbb{R}^n$) chama-se atrator (do sistema) se para todo $x \in \mathbb{R}^n$, $e^{tA}x \to 0$, quando $t \to \infty$.

CAPÍTULO 2 — EQUAÇÕES DIFERENCIAIS LINEARES   61

É claro que se h é uma conjugação topológica entre um atrator $x' = Ax$ e um sistema $x' = Bx$, então este último também é um atrator. De fato, $h(e^{tA}h^{-1}(x)) = e^{tB}x$, logo para todo x, $e^{tB}x \to h(0)$, quando $t \to \infty$; mas $h(0) = 0$, pois $e^{tB}0 = 0$.

O teorema seguinte caracteriza os sistemas lineares atratores.

TEOREMA 2.30

As seguintes proposições são equivalentes:

(1) O sistema $x' = Ax$ é um atrator.

(2) Todos os valores próprios de A têm parte real negativa.

(3) Existem $\mu > 0$ e $K \geq 1$ tais que $|e^{tA}x| \leq Ke^{-\mu t}|x|$ para todo $x \in \mathbb{R}^n$ e $t \geq 0$.

(4) O sistema $x' = Ax$ é topologicamente conjugado a $x' = -x$.

DEMONSTRAÇÃO

O sistema $x' = -x$ é um atrator pois $e^{-t}x \to 0$, $t \to \infty$. Logo, (4) $\to$ (1), pela observação anterior.

Suponha que λ é um valor próprio de A com parte real não negativa. Se λ é real e v um vetor próprio, $|e^{tA}v| = e^{\lambda t}|v|$ não tende a zero.

Se $\lambda = \alpha + i\beta$ é complexo, pela Observação 2.21, $|e^{tA}v| = e^{\alpha t}|\cos\beta v_1 - \operatorname{sen}t\beta v_2|$, que também não tende a zero se $\alpha \geq 0$. Logo (1) $\to$ (2).

Notemos que (3) não depende da norma $|\cdot|$ em $\mathbb{R}^n$ pois se

$$\alpha|\cdot| \leq \|\cdot\| \leq \beta|\cdot|, \ \|e^{tA}x\| \leq \beta|e^{tA}x|$$
$$\leq \beta Ke^{-\mu t}|x| \leq \beta/\alpha Ke^{-\mu t}\|x\|,$$

com $\beta/\alpha K \geq 1$.

Observemos que (3) não depende da classe de similaridade de A. De fato, se C é uma matriz real ou complexa invertível, temos

$$|e^{tC^{-1}AC}x| = |C^{-1}e^{tA}Cx| \leq |C^{-1}||e^{tA}Cx| \leq |C^{-1}|Ke^{-\mu t}|C||x|$$
$$= K_1e^{-\mu t}|x|,$$

onde $K_1 = |C^{-1}||C|K$. Verifique que $K_1 \geq 1$. Portanto, na prova de (2) $\to$ (3) é suficiente supor que A está na forma de Jordan complexa e que $|x|$ é o sup dos valores absolutos das coordenadas de x. Então $A = \operatorname{diag}(J_1, J_2, \ldots, J_k)$, $J_i = \lambda_i E + E_1$. Seja $\mu < -\operatorname{Re}\lambda_i$, $i = 1, \ldots, n$. Pela Proposição 2.18 da seção 3 temos

$$|e^{At}x| = |(e^{J_1 t}x_1, e^{J_2 t}x_2, \ldots, e^{J_k t}x_k)|$$
$$\leq \sup_{i=1,\ldots,k} K_i e^{-\mu t}|x_i| \leq Ke^{-\mu t}|x|,$$

62   EQUAÇÕES DIFERENCIAIS ORDINÁRIAS — *Jorge Sotomayor*

onde $K = \sup K_i$ e $|x| = \sup\{|x_i|\}$, pois trabalhamos com a norma de sup. Isto mostra que (2) → (3).

Demonstremos que (3) → (4).

Seja $< x, y >= \sum x_i y_i$ e $\|x\| =< x, x >^{1/2}$. Destaquemos o seguinte:

(i) A forma quadrática $q(x) = \int_0^\infty < e^{tA}x, e^{tA}x > \mathrm{d}t$ é definida positiva e

$$\frac{\mathrm{d}q(e^{tA}x)}{\mathrm{d}t} = - < e^{tA}x, e^{tA}x >, \qquad (a)$$

para todo $x \in \mathbb{R}^n$ e $t \in \mathbb{R}$.

A convergência da integral imprópria é consequência da desigualdade em (3). Por outro lado,

$$q(e^{tA}x) = \int_0^\infty < e^{uA}e^{tA}x, e^{uA}e^{tA}x > \mathrm{d}u$$
$$= \int_0^\infty < e^{(u+t)A}x, e^{(u+t)A}x > \mathrm{d}u.$$

Fazendo a mudança de variáveis $u + t = v$, temos

$$q(e^{tA}x) = \int_t^\infty < e^{vA}x, e^{vA}x > \mathrm{d}v;$$

derivando resulta a expressão (a).

(ii) Para toda forma quadrática q, definida positiva, existem números positivos α e β tais que $\alpha\|x\|^2 \le q(x) \le \beta\|x\|^2$, para todo $x \in \mathbb{R}^n$. Verifica-se este fato tomando $\alpha = \min\{q(x); \|x\| = 1\}$ e $\beta = \max\{q(x); \|x\| = 1\}$.

(iii) Para todo $x \ne 0$, a trajetória $e^{tA}x$ intercepta todos os esferoides $q(x) = r > 0$.

De fato, por (a) e (ii),

$$-\frac{1}{\alpha} \le \frac{\mathrm{d}}{\mathrm{d}t}q(e^{tA}x)/q(e^{tA}x) \le -\frac{1}{\beta}.$$

Logo,

$$-\frac{t}{\alpha} \le \log q(e^{tA}x) - \log q(x) \le -\frac{t}{\beta}.$$

Portanto, se $t \ge 0$

$$e^{-t/\alpha}q(x) \le q(e^{tA}x) \le e^{-t/\beta}q(x). \qquad (b)$$

Se $t \le 0$ temos a mesma desigualdade trocando β por α. Daí, quando t percorre $\mathbb{R}$, $q(e^{tA}x)$ percorre todo o eixo positivo.

Note-se que, em virtude de (a), $e^{tA}x$ corta cada esferoide uma única vez, apontando para o seu interior.

Se $x \ne 0$, denotemos por t_x o (único) número real tal que $q(e^{t_x A}x) = 1$.

(iv) A função t_x é de classe C^∞ em $\mathbb{R}^n - \{0\}$.

Este fato decorre do Teorema da Função Implícita aplicado à equação $q(e^{tA}x) = 1$, pois por (a), $\frac{\partial}{\partial t} q(e^{tA}x) \neq 0$, se $x \neq 0$.

Passamos a definir a conjugação topológica h, da seguinte maneira:

$$h(0) = 0 \quad \text{e} \quad h(x) = e^{t_x} e^{t_x A} x, \text{ se } x \neq 0.$$

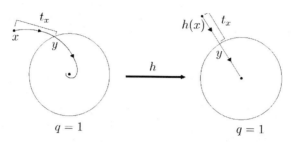

Fig. 2.7 Conjugação Topológica de Atratores

É claro por (iv) que $h|(\mathbb{R}^n - \{0\})$ é um difeomorfismo de classe C^∞ sobre $\mathbb{R}^n - \{0\}$. Provemos a continuidade de h em 0.

Por (ii) temos

$$\|h(x)\| \leq \left(\frac{1}{\alpha}\right)^{1/2} (q(e^{t_x} e^{t_x A} x))^{1/2} = \left(\frac{1}{\alpha}\right)^{1/2} e^{t_x},$$

pois $q(e^{t_x A} x) = 1$.

De (b) obtemos

$$e^{-t_x/\beta} q(x) \geq q(e^{t_x A} x) = 1$$

e daí

$$e^{t_x} \leq [q(x)]^\beta.$$

Logo,

$$\|h(x)\| \leq \left(\frac{1}{\alpha}\right)^{1/2} [q(x)]^\beta$$

e claramente, se $x \to 0$, $h(x) \to 0$.

A continuidade de h^{-1} em 0 resulta de sua expressão:

$$h^{-1}(z) = \frac{e^{-\log\sqrt{q(z)} A} z}{\sqrt{q(z)}},$$

pela desigualdade em (3), observando que $z/\sqrt{q(z)}$ é limitado e que $-\log\sqrt{q(z)} \to \infty$, quando $z \to 0$.

64   EQUAÇÕES DIFERENCIAIS ORDINÁRIAS — *Jorge Sotomayor*

Verifiquemos agora que h é conjugação:

$$h(e^{tA}x) = h(e^{(t-t_x)A}e^{t_xA}x) = e^{(-t+t_x)}e^{t_xA}x = e^{-t}(e^{t_x}e^{t_xA}x) = e^{-t}h(x).$$

No passo do segundo para o terceiro termo destas igualdades usamos o fato que para $y = e^{tA}x$ tem-se $t_y = -(t - t_x)$. ∎

DEFINIÇÃO 2.31

Um sistema linear $x' = Ax$ (ou a origem $0 \in \mathbb{R}^n$) chama-se *fonte* se para todo $x \neq 0$, $|e^{tA}x| \to \infty$ quando $t \to \infty$.

TEOREMA 2.32

As seguintes condições são equivalentes:

(1) $x' = Ax$ é uma fonte.

(2) Todos os valores próprios de A têm parte real positiva.

(3) Existem números $\mu > 0$ e $K \geq 1$ tais que

$$|e^{tA}x| \geq K^{-1}e^{t\mu}|x|, \text{ se } t \geq 0.$$

(4) $x' = Ax$ é topologicamente conjugado ao sistema $x' = x$.

DEMONSTRAÇÃO

A demonstração é imediata a partir do Teorema 2.30 e da observação seguinte:

$x' = Ax$ é topologicamente conjugado a $x' = Bx$ se, e somente se, $x' = (-A)x$ é topologicamente conjugado a $x' = (-B)x$. De fato, $h(e^{tA}x) = h(e^{(-t)(-A)}x) = e^{-t(-B)}h(x) = e^{tB}h(x)$.

Logo, se h conjuga $x' = -Ax$ com $x' = -Bx$, também conjuga $x' = Ax$ com $x' = Bx$.

Assim (4) implica que $x' = (-A)x$ é topologicamente conjugado a $x' = -x$, portanto os valores próprios de $-A$ têm parte real negativa, donde segue (2).

Aplicando o Teorema 2.30 a $-A$, temos que (2) implica que

$$|x| = |e^{t(-A)}e^{tA}x| \leq Ke^{-\mu t}|e^{tA}x|,$$

donde segue (3).

Obviamente (3) $\to$ (1). Deixamos a cargo do leitor a prova de (1) $\to$ (2). A implicação (2) $\to$ (4) decorre do Teorema 2.30 aplicado a $-A$. ∎

6. Classificação dos sistemas lineares hiperbólicos

Definição 2.33

Um sistema linear $x' = Ax$ (ou o campo vetorial linear $x \to Ax$, ou a origem $0 \in \mathbb{R}^n$) chama-se *hiperbólico* se todos os valores próprios de A têm parte real diferente de zero. O número $s = s(A)$ de valores próprios, contando suas multiplicidades, que têm parte real negativa, chama-se *índice de estabilidade* do sistema.

Note-se que esta definição depende apenas da classe de similaridade da matriz A, ou equivalentemente da classe de conjugação linear do sistema.

Exemplo 2.34

Dos sistemas bidimensionais simples considerados na seção 4, todos são hiperbólicos, exceto o centro. O índice de estabilidade da sela é 1, do foco e nó atratores é 2, do foco e nó instáveis é 0.

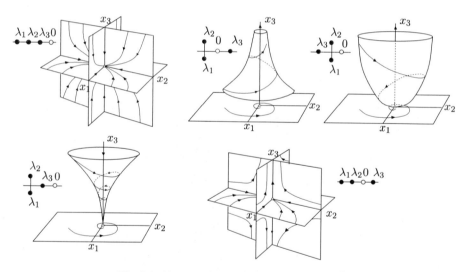

Fig. 2.8 Sistemas lineares hiperbólicos em $\mathbb{R}^3$

Em geral, o índice de estabilidade de um atrator é n e de uma fonte é 0.

A Figura 2.8 mostra os retratos de fase de alguns sistemas lineares hiperbólicos em $\mathbb{R}^3$. O leitor justificará analiticamente estas configurações com base nos dados sobre os valores próprios que nelas aparecem.

Definição 2.35

Chama-se *subespaço estável* de $x' = Ax$ o subespaço maximal E^s, invariante por A (i. e. $Av \in E^s$, $v \in E^s$) tal que A/E^s tem todos os valores próprios com parte

66   EQUAÇÕES DIFERENCIAIS ORDINÁRIAS — *Jorge Sotomayor*

real negativa. Analogamente, define-se o *subespaço instável* de $x' = Ax$ como o subespaço maximal invariante E^u onde A/E^u tem todos os valores próprios com parte real positiva.

Para um atrator $E^s = \mathbb{R}^n$ e $E^u = \{0\}$; para uma fonte $E^s = \{0\}$, $E^u = \mathbb{R}^n$.

PROPOSIÇÃO 2.36

Seja $x' = Ax$ um sistema linear hiperbólico de índice de estabilidade s.

(1) $\mathbb{R}^n = E^s \oplus E^u$ e E^s e E^u são invariantes pelo sistema, isto é, para todo $x \in E^i$, $i = s, u$, a trajetória do sistema, $e^{tA}x$, pertence a E^i para todo $t \in \mathbb{R}$. A dimensão de E^s é igual a s.

(2) Existem $\mu > 0$ e $K \geq 1$ tais que
    (a) $|e^{tA}x| \leq Ke^{-\mu t}|x|$, para $x \in E^s$ e $t \geq 0$;
    (b) $|e^{tA}x| \leq Ke^{\mu t}|x|$, para $x \in E^u$ e $t \leq 0$.

DEMONSTRAÇÃO

A demonstração é imediata a partir das seguintes observações:

(i) Se h é uma conjugação linear entre dois sistemas $x' = Ax$ e $x' = Bx$, cujos subespaços estáveis são E^s e E_1^s, então $h(E^s) = E_1^s$.

Imediato, pois A/E^s e $B/h(E^s)$ resultam similares e, portanto, têm os mesmos valores próprios. Verificar este fato.

Analogamente para o subespaço E^u.

(ii) A conclusão (2) não depende da norma $|\cdot|$ nem da classe de similaridade da matriz A.

A prova desta afirmativa é similar à dada no Teorema 2.30 da seção 5 e fica a cargo do leitor.

(iii) Se $x' = Ax$ é um sistema linear hiperbólico de índice de estabilidade s, então ele é linearmente conjugado a um sistema da forma

$$\begin{cases} x_1' = A_1x_1, & x_1 \in \mathbb{R}^s, \\ x_2' = A_2x_2, & x_2 \in \mathbb{R}^{n-s}, \end{cases} \qquad (*)$$

onde os valores próprios de A_1 têm parte real menor do que 0 e os valores próprios de A_2 têm parte real maior do que 0.

CAPÍTULO 2 — EQUAÇÕES DIFERENCIAIS LINEARES   67

Para verificar este fato é suficiente conjugar A com sua forma de Jordan real J, na qual aparecem agrupados na parte superior da diagonal os blocos correspondentes às raízes de parte real negativa. O bloco de ordem $s \times s$ da esquina superior esquerda de J é A_1; o bloco de ordem $(n-s) \times (n-s)$ da esquina inferior direita é A_2.

Com base nas observações acima, é suficiente demonstrar a Proposição 2.36 para sistemas da forma $(*)$. Para estes sistemas, $E^s = \mathbb{R}^s \times \{0 \in \mathbb{R}^{n-s}\}$ e $E^u = \{0 \in \mathbb{R}^s\} \times \mathbb{R}^{n-s}$. Donde resulta (1). A parte (2) resulta de que $x_1' = A_1 x_1$ é um atrator e $x_2' = A_2 x_2$ é uma fonte, aplicando os Teoremas 2.30 e 2.32 da seção 5 a A_1 e A_2. ∎

COROLÁRIO 2.37
Nas hipóteses da Proposição 2.36, temos

(a´) $|e^{tA}x| \ge K^{-1} e^{\mu t}|x|$, para todo $x \in E^u$ e $t \ge 0$;

(b´) $|e^{tA}x| \ge K^{-1} e^{-\mu t}|x|$, para todo $x \in E^s$ e $t \le 0$.

DEMONSTRAÇÃO
Pela desigualdade (b) da Proposição 2.36 (2), aplicada a $\tau = -t \le 0$ e $\overline{x} = e^{tA}x \in E^u$, temos

$$|x| = |e^{(\tau+t)}x| = |e^{\tau A}\overline{x}| \le K e^{\mu\tau}|\overline{x}| = K e^{-\mu t}|e^{tA}x|.$$

Logo,

$$|e^{tA}x| \ge K^{-1} e^{t\mu}|x|.$$

Isto prova (a'); (b') é similar. ∎

OBSERVAÇÃO
A desigualdade (a) da Proposição 2.36 (2) significa que todas as trajetórias que passam por pontos de E^s tendem a 0 exponencialmente quando $t \to \infty$.

A desigualdade (b') do Corolário 2.37 implica que estas mesmas trajetórias, exceto a nula, se afastam exponencialmente de 0 quando $t \to -\infty$.

Em outras palavras, o comportamento de um sistema hiperbólico em E^s é análogo ao comportamento de um atrator. Considerações análogas são válidas para E^u onde o comportamento das trajetórias é similar ao caso de uma fonte.

Finalmente, as trajetórias que passam por pontos x fora de $E^s \cup E^u$ se comportam de forma similar às hipérboles: as suas componentes segundo E^s tendem a 0, enquanto as suas componentes segundo E^u tendem a ∞, quando $t \to +\infty$; quando $t \to -\infty$ as componentes segundo E^s tendem a ∞, e as componentes segundo E^u tendem a zero.

Isto decorre de que $e^{At}x = e^{At}x_s + e^{At}x_u$, onde $x_i \in E^i$, $i = s, u$, e $x = x_s + x_u$.

68   Equações Diferenciais Ordinárias — *Jorge Sotomayor*

Lema 2.38

Seja $x' = Ax$ um sistema hiperbólico. Um ponto $x \in \mathbb{R}^n$ pertence a E^s se, e somente se, $e^{tA}x$ é limitado para $t \geq 0$. Um ponto $x \in \mathbb{R}^n$ pertence a E^u se, e somente se, $e^{tA}x$ é limitado para $t \leq 0$.

Demonstração

Seja $x = x_s + x_u$ com $x_i \in E^i$, $i = s, u$, donde $e^{tA}x = e^{tA}x_s + e^{tA}x_u$. Em virtude de (a') do Corolário 2.37, temos

$$|e^{tA}x| \geq |e^{tA}x_u| - |e^{tA}x_s| \geq K^{-1}e^{\mu t}|x_u| - |e^{tA}x_s|.$$

O último termo tende para ∞ quando $t \to \infty$ se, e somente se, $|x_u| \neq 0$, pois $|e^{tA}x_s| \to 0$, logo $e^{tA}x$ é limitado para $t \geq 0$ se, e somente se, $x \in E^s$ (i. e. $x_u = 0$). Analogamente para $t \leq 0$ e E^u. ∎

Lema 2.39

Se $x'_i = A_i x_i$ é topologicamente conjugado a $x'_i = B_i x_i$, $x_i \in \mathbb{R}^n$, $i = 1, 2$, então

$$\begin{cases} x'_1 = A_1 x_1 \\ x'_2 = A_2 x_2 \end{cases} \tag{α}$$

é topologicamente conjugado a

$$\begin{cases} x'_1 = B_1 x_1 \\ x'_2 = B_2 x_2 \end{cases} \tag{β}$$

Demonstração

Seja h_i uma conjugação topológica entre $x' = A_i x_i$ e $x'_i = B_i x_i$, $i = 1, 2$. Então $h = (h_1, h_2)$ é uma conjugação topológica entre (α) e (β). De fato,

$$h(e^{tA_1}x_1, e^{tA_2}x_2) = (h_1(e^{tA_1}x_1), h_2(e^{tA_2}x_2)) = (e^{tB_1}h_1(x_1), e^{tB_2}h_2(x_2))$$
$$= (e^{tB_1}, e^{tB_2})(h(x_1), h(x_2)).$$ ∎

Teorema 2.40

Dois sistemas lineares hiperbólicos $x' = Ax$ e $x' = Bx$ em $\mathbb{R}^n$ são topologicamente conjugados se, e somente se, ambos têm o mesmo índice de estabilidade.

Demonstração

Se $x' = Ax$ tem índice de estabilidade s, ele é conjugado linearmente ao sistema $(*)$ da observação (iii) da Proposição 2.36. Em virtude do Lema 2.39, o sistema $(*)$ e consequentemente o sistema $x' = Ax$ é conjugado topologicamente ao sistema

$$\begin{cases} x_1' = -x_1, & x_1 \in \mathbb{R}^s, \\ x_2' = x_2, & x_2 \in \mathbb{R}^{n-s}. \end{cases}$$

Ver Teoremas 2.30 e 2.32.

Disto resulta que dois sistemas hiperbólicos de índice s são topologicamente conjugados entre si.

Por outro lado, se h é uma conjugação topológica entre dois sistemas hiperbólicos $x' = Ax$ e $x' = Bx$ em $\mathbb{R}^n$, temos que $h(E_A^s) = E_B^s$, onde E_i^s denota o subespaço estável de $x' = ix$, $i = A, B$. De fato:

$$e^{tB} h(x) = h(e^{tA} x).$$

Logo, se $s \in E_A^s$ e $t \to \infty$, temos por continuidade que $h(e^{tA} x) \to h(0) = 0$. Portanto, $h(x) \in E_B^s$, pelo Lema 2.38.

O Teorema da Invariância da Dimensão de Brouwer implica que $\dim E_B^s = \dim E_A^s$. A demonstração deste teorema foge ao caráter deste livro. Daremos porém uma ideia dela.

A Teoria da Homologia associa a cada espaço topológico X uma subsequência de grupos $H_i(X)$, $i = 0, 1, \ldots$ e a cada homeomorfismo $h : X \to Y$ uma sequência $h_1' : H_i(X) \to H_i(Y)$ de isomorfismos destes grupos. Para $X = S^k$, esfera k-dimensional, calcula-se

$$H^i(S^k) = \begin{cases} \mathbb{Z} \text{ (inteiros)}, i = k, \ 0, \text{ se } k \neq 0; \\ 0, \ i \neq k; \ H_0(S^0) = \mathbb{Z}^2. \end{cases} \tag{$*$}$$

Em nosso caso, compactificamos E_B^s e E_A^s adjuntando o ponto infinito (compactificação de Alexandrov), obtemos $S^{n(A)}$ e $S^{n(B)}$, onde $n(\alpha) = \dim E_\alpha^s$, $\alpha = A, B$, e estendemos h para $\hat{h} : S^{n(a)} \to S^{n(B)}$, que é um homeomorfismo.

Temos que $\hat{h}_{n(A)}' : H_{n(A)}(S^{n(A)}) = \mathbb{Z} \to H_{n(B)}(S^{n(B)})$ é isomorfismo. A expressão ($*$) prova que $n(A) = n(B)$. O leitor encontrará em Greenberg e Harper [7] os fundamentos da Teoria da Homologia. ■

7. Sistemas lineares complexos

Nesta seção vamos considerar brevemente a equação linear

$$\omega' = A(z)\omega + b(z), \tag{2.11}$$

onde $A(z)$ é matriz $n \times n$ e $b(z)$ é um vetor n-dimensional, ambos analíticos num conjunto simplesmente conexo $D \subset \mathbb{C}$.

70 Equações Diferenciais Ordinárias — *Jorge Sotomayor*

Por solução de (2.11) entendemos uma função *analítica* $\omega : D \to \mathbb{C}^n$ tal que

$$\omega'(z) = A(z)\omega(z) + b(z),$$

para todo $z \in D$.

Proposição 2.41

Dados $z_0 \in D$, $\omega_0 \in \mathbb{C}^n$, existe uma única solução de (2.11) (em D) tal que $\omega(z_0) = \omega_0$.

Demonstração

Se $z \in D$ e se γ_1, γ_2 são caminhos em D com extremidades z_0 e z, sabemos que para toda função $f(z)$ analítica em D, $\int_{\gamma_1} f(z)\mathrm{d}z = \int_{\gamma_2} f(z)\mathrm{d}z$. Denotaremos esta integral por $\int_{z_0}^{z} f(\tau)\mathrm{d}\tau$.

Definamos então

$$\varphi_0(z) \equiv \omega_0,$$
$$\varphi_n(z) = \omega_0 + \int_{z_0}^{z} [A(\tau)\varphi_{n-1}(\tau) + b(\tau)]\mathrm{d}\tau, \quad 1 < n.$$

Fixemos agora um domínio compacto K com $z_0 \in K \subset D$ e sejam $M > 0$, $L > 0$ tais que $|A(z)| < M$, $|b(z)| < M$ em K e todo ponto de K possa ser ligado a z_0 por um caminho de comprimento menor que L.

Sejam $z_1 \in K$ e γ um caminho entre z_0 e z_1 de comprimento menor que L. Se s é o comprimento de arco ao longo de γ, partindo de z_0, e $z \in \gamma$, temos

$$|\varphi_1(z) - \varphi_0(z)| \leq M(|\omega_0| + 1)s \leq ML(|\omega_0| + 1)$$

e em geral

$$|\varphi_n(z) - \varphi_{n-1}(z)| \leq \frac{M^n s^n}{n!}(|\omega_0| + 1) \leq \frac{M^n L^n}{n!}(|\omega_0| + 1).$$

Daí, $\varphi_n(z)$ converge uniformemente nas partes compactas de D a uma função φ que deve então ser analítica. Além disso,

$$\varphi(z) = \omega_0 + \int_{z_0}^{z} [A(\tau)\varphi(\tau) + b(\tau)]\mathrm{d}\tau.$$

Logo, $\varphi(z_0) = \omega_0$ e

$$\varphi'(z) = A(z)\varphi(z) + b(z).$$

Se ψ é outra solução de (2.11) em D com $\psi(z_0) = \omega_0$, fazendo $m = \sup_{z \in K} |\psi(z) - \varphi_1(z)|$ e procedendo como acima obtemos para $z \in \gamma$,

$$|\psi(z) - \varphi(z)| \leq \frac{M^{n-1} m}{(n-1)!} s^{n-1} \leq \frac{M^{n-1} L^{n-1}}{(n-1)!} m$$

provando que $\psi(z) \equiv \varphi(z)$ em D. ∎

CAPÍTULO 2 — EQUAÇÕES DIFERENCIAIS LINEARES   71

O leitor pode agora verificar facilmente que todos os resultados das seções 1 e 2 mantém-se válidos para o sistema (2.11).

OBSERVAÇÃO 2.42

Suponhamos que o sistema (2.11) esteja definido numa bola aberta de centro $z_0 \in \mathbb{C}$ e raio $r > 0$. Então $A(z)$ e $b(z)$ admitem expansões $A(z) = \sum_{m=0}^{\infty} (z - z_0)^m A_m$, $b(z) = \sum_{m=0}^{\infty} (z - z_0)^m b_m$ válidas para $|z - z_0| < r$, onde A_m é matriz $n \times n$ constante e b_m é vetor constante n-dimensional.

Consideremos agora uma série formal (isto é, uma série para a qual não sabemos em princípio se converge em algum ponto $z \neq z_0$)

$$\sum_{m=0}^{\infty} (z - z_0)^m a_m, \tag{2.12}$$

onde a_m é vetor constante m-dimensional. Se seus coeficientes satisfazem para $m \geq 1$ as relações de recorrência

$$m a_m = \sum_{j=0}^{m-1} A_j a_{m-j-1} + b_{m-1}, \tag{2.13}$$

então a série (2.12) converge para $|z - z_0| < r$ e é aí a única solução de (2.11) que no ponto z_0 assume o valor a_0. Pois, se

$$\omega(z) = \sum_{m=0}^{\infty} (z - z_0)^m c_m \tag{2.14}$$

é a única solução de (2.11) em $|z - z_0| < r$ com $\omega(z_0) = a_0$, então claramente $c = c_0$. Para obter c_m, $m \geq 1$, substituímos (2.14) e sua derivada $\omega'(z) = \sum_{m=1}^{\infty} m c_m (z - z_0)^{m-1}$ em (2.11) e igualamos os coeficientes de cada termo $(z - z_0)^m$. Obtemos então que c_m, $m \geq 1$, deve satisfazer as relações de recorrência (2.13). Logo, $c_m = a_m$, donde resulta a afirmação feita acima.

8. Oscilações mecânicas e elétricas

O objetivo dessa seção é dar uma ilustração simples de como as equações diferenciais lineares aparecem na descrição dos fenômenos oscilatórios mecânicos e elétricos.

Consideremos uma massa m presa a uma mola horizontal cuja outra extremidade está fixa, como na figura (2.9). Suponhamos que o atrito entre m e a superfície S é desprezível e que quando o sistema está em repouso a massa ocupa a posição $x = 0$.

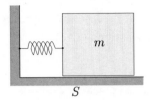

Fig. 2.9 Lei de Hooke

Pela lei de Hooke, quando uma mola é esticada ou comprimida, ela reage com uma força proporcional à sua deformação e que tende a restaurar sua posição de equilíbrio. Isto significa que quando a massa está em x, a força sobre ela é $-cx$, onde c é a constante de rigidez da mola.

Daí, se o sistema é afastado de sua posição de equilíbrio e em seguida é solto, a equação do movimento de m é dada, a partir da segunda lei de Newton, por

$$m\frac{d^2 x}{dt^2} + cx = 0,$$

que é igual a

$$\frac{d^2 x}{dt^2} + \omega_0^2 x = 0, \qquad (2.15)$$

onde $\omega_0 = \sqrt{\frac{c}{m}}$.

A solução geral de (2.15) é

$$x(t) = c_1 \cos \omega_0 t + c_2 \operatorname{sen} \omega_0 t,$$

ou seja,

$$x(t) = R \cos(\omega_0 t - \alpha),$$

com $R = \sqrt{c_1^2 + c_2^2}$ e $\alpha = \operatorname{arctg} \frac{c_2}{c_1}$.

Vemos então que o sistema oscila perpetuamente com *período* $T_0 = \frac{2\pi}{\omega_0}$ em torno de sua posição de equilíbrio sendo que $-R \le x(t) \le R$. Por causa disso, R é chamado *amplitude máxima* do sistema e ω_0, que denota o número de oscilações num tempo igual a 2π chama-se *frequência natural* do sistema. Notemos que a expressão $\omega_0 = \sqrt{\frac{c}{m}}$ confirma quantitativamente a ideia de que a frequência cresce com a rigidez da mola e diminui com a massa. O tipo de movimento que acabamos de considerar chama-se *movimento harmônico simples*.

Uma situação mais realista ocorre se levarmos em conta o atrito produzido pela resistência do meio. Em condições ideais este atrito, também denominado de *fricção*, é proporcional à velocidade e tem sentido contrário ao da velocidade $\frac{dx}{dt}$. A equação do movimento passa a ser então

$$m\frac{d^2x}{dt^2} + k\frac{dx}{dt} + cx = 0. \tag{2.16}$$

Como as raízes de $m\lambda^2 + k\lambda + c = 0$ são $\lambda_1 = \frac{-k+\sqrt{k^2-4mc}}{2m}$ e $\lambda_2 = \frac{-k-\sqrt{k^2-4mc}}{2m}$, temos três casos a considerar:

(i) $k^2 - 4mc > 0$; neste caso $\lambda_1 < 0$, $\lambda_2 < 0$ e a solução geral de (2.16) é

$$x(t) = c_1 e^{\lambda_1 t} + c_2 e^{\lambda_2 t}.$$

(ii) $k^2 - 4mc = 0$; neste caso $\lambda_1 = \lambda_2 = -\frac{k}{2m}$ e a solução geral é

$$x(t) = c_1 e^{-kt/2m} + c_2 t e^{-kt/2m}.$$

Em ambas as situações o sistema tende exponencialmente para zero, sem oscilar.

(iii) $k^2 - 4mc < 0$; neste caso a solução geral é

$$x(t) = e^{-kt/2m}\left[c_1 \cos\left(\frac{\sqrt{4mc - k^2}}{2m} t \right) + c_2 \operatorname{sen}\left(\frac{\sqrt{4mc - k^2}}{2m} t \right) \right],$$

ou seja,

$$x(t) = R e^{-kt/2m} \cos\left(\frac{\sqrt{4mc - k^2}}{2m} t - \alpha \right),$$

onde $R = \sqrt{c_1^2 + c_2^2}$ e $\alpha = \operatorname{arctg}\frac{c_2}{c_1}$. Segue-se que o gráfico de $x(t)$ é dado por uma função coseno que decresce exponencialmente, isto é, $x(t)$ oscila enquanto tende para zero.

Em qualquer dos três casos $x(t)$ tende rapidamente para a posição de equilíbrio do sistema. Este é dito então um sistema *amortecido*.

Quando interessa manter uma oscilação não trivial, aplicamos uma força externa $F(t) = F_0 \cos\omega t$ à massa m. Temos então um *sistema mecânico forçado* e a oscilação que resulta chama-se *oscilação forçada*. A equação do movimento é então

$$m\frac{d^2x}{dt^2} + k\frac{dx}{dt} + cx = F_0 \cos\omega t. \tag{2.17}$$

Uma solução particular de (2.17) é dada por

$$\begin{aligned}
g(t) &= \frac{F_0}{(c - m\omega^2)^2 + k^2\omega^2}[(c - m\omega^2)\cos\omega t + k\omega \operatorname{sen}\omega t] \\
&= \frac{F_0 \cos(\omega t - \beta)}{\sqrt{(c - m\omega^2)^2 + k^2\omega^2}},
\end{aligned}$$

onde $\beta = \operatorname{arctg} \frac{k\omega}{c-m\omega^2}$. Logo, a solução geral de (2.17) é

$$x(t) = f(t) + g(t),$$

onde $f(t)$ é a solução geral de (2.16). Como, por hipótese $k > 0$, $f(t)$ tende rapidamente para zero, concluímos que para todo t suficientemente grande, $x(t)$ é dado praticamente por $g(t)$, quaisquer que tenham sido as condições iniciais. Por esse motivo, $g(t)$ é dita a *parte estacionária* da solução e $f(t)$ a *parte transiente*.

Analisemos finalmente o caso em que o atrito pode ser desprezado ($k = 0$) e a força externa é dada por $F(t) = F_0 \cos \omega_0 t$, onde $\omega_0 = \sqrt{\frac{c}{m}}$. A equação do movimento é então

$$\frac{d^2 x}{dt^2} + \omega_0^2 x = \frac{F_0}{m} \cos \omega_0 t.$$

Uma solução particular desta equação é

$$\frac{F_0 t}{2 m \omega_0} \operatorname{sen} \omega_0 t.$$

Logo,

$$x(t) = c_1 \cos \omega_0 t + c_2 \operatorname{sen} \omega_0 t + \frac{F_0 t}{2 m \omega_0} \operatorname{sen} \omega_0 t.$$

Resulta que quando o atrito pode ser desprezado e a força externa tem a frequência natural do sistema, as oscilações são ilimitadas quando $t \to \infty$. Tal fenômeno chama-se *ressonância*.

Suponhamos agora que ao invés de um sistema mecânico temos um circuito elétrico como na figura 2.10, com indutância, resistência e capacitância respectivamente L, R e C. Se o gerador produz uma voltagem $E(t) = E_0 \operatorname{sen} \omega t$, então a corrente I no circuito é dada pela equação

$$L \frac{d^2 I}{dt^2} + R \frac{dI}{dt} + \frac{1}{C} I = E_0 \cos \omega t,$$

que é semelhante a (2.17). Logo, a análise desenvolvida anteriormente também se aplica aqui.

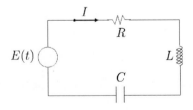

Fig. 2.10 Circuito Elétrico

9. Exercícios

1. Seja $\phi(t)$ uma matriz $n \times n$ cujos elementos são funções de classe C^1, não singular para cada $t \in \mathbb{R}$. Prove que existe uma única matriz $A(t)$ contínua tal que $\phi(t)$ é matriz fundamental de $x' = A(t)x$.

2. Sejam $a_0, \ldots, a_{n-1}$ funções contínuas, reais (ou complexas), num intervalo I. A seguinte equação linear

$$\frac{\mathrm{d}^n x}{\mathrm{d}t^n} = a_{n-1}(t) \frac{\mathrm{d}^{n-1} x}{\mathrm{d}t^{n-1}} + \cdots + a_0(t)x, \tag{$*$}$$

chama-se "equação linear de ordem n". Considere $\mathscr{C}^n = \mathscr{C}^n(I, \mathbb{R})$ (ou $\mathscr{C}^n(I; \mathbb{C})$) o espaço vetorial das funções reais (ou complexas) de classe C^n em I. Prove que:

(a) O conjunto das soluções de $(*)$ é um subespaço vetorial de $\mathscr{C}^n$ de dimensão n.

(Sugestão: escreva $x_1 = x$, $x_2 = x', \ldots, x_n = x^{(n-1)}$ e verifique que $(*)$ é equivalente a um sistema linear da forma $x' = A(t)x$.)

(b) Sejam $\varphi_1, \ldots, \varphi_n$ em $\mathscr{C}^n$ e $W(t) = W(\varphi_1, \ldots, \varphi_n)(t)$ o determinante da matriz $n \times n$ cuja i-ésima linha é formada por $\frac{\mathrm{d}^{i-1}\varphi_1}{\mathrm{d}t^{i-1}}, \ldots, \frac{\mathrm{d}^{i-1}\varphi_n}{\mathrm{d}t^{i-1}}$, as derivadas de ordem $i - 1$, $i = 1, \ldots, n$, de $\varphi_1, \ldots, \varphi_n$. Então $W(t) = W(t_0) \exp\left[\int_{t_0}^t a_{n-1}(s)\mathrm{d}s\right]$ desde que $\varphi_1, \ldots, \varphi_n$ sejam soluções de $(*)$. ($W(t)$ é chamado o Wronskiano do sistema de funções $\varphi_1, \ldots, \varphi_n$.)

Prove que n funções $\varphi_1, \ldots, \varphi_n$, soluções de $(*)$, são linearmente independentes se, e somente se, para todo t, $W(t) = W(\varphi_1, \ldots, \varphi_n)(t) \neq 0$.

(c) Sejam $\varphi_1, \ldots, \varphi_n$ n funções de $\mathscr{C}^n$, tais que $W(\varphi_1, \ldots, \varphi_n)(t) \neq 0$ em I. Prove que existe uma única equação da forma $(*)$ que tem $\{\varphi_1, \ldots, \varphi_n\}$ como base de soluções.

3. Se $A(t)$ é antissimétrica para todo $t \in I$, i. e., ${}^*A(t) = -A(t)$, onde ${}^*A(t)$ é a transposta de $A(t)$, prove que toda matriz fundamental $\Phi(t)$ de $x' = A(t)x$ satisfaz a ${}^*\Phi(t)\Phi(t) = C$, constante. Em particular, se $\Phi(t_0)$ é ortogonal para algum t_0, então $\Phi(t)$ é ortogonal para todo $t \in I$.

Aplicação: *Prove o Teorema Fundamental da Teoria das Curvas*: dadas duas funções contínuas $k(s) > 0$ e $\tau(s)$, existe uma única curva parametrizada pelo comprimento de arco (módulo congruência em $\mathbb{R}^3$) cuja curvatura e torção são, respectivamente, $k(s)$ e $\tau(s)$.

(Sugestão: primeiro lembramos alguns fatos da teoria das curvas. Sejam I

um intervalo e $x(s)$, $s \in I$, uma curva diferenciável em $\mathbb{R}^3$, tal que $|x'(s)| = 1$, para todo $s \in I$. Se $t(s) = x'(s)$, então $k(s) = |t'(s)|$ é chamada curvatura de x. Denotemos por $n(s)$ o vetor unitário tal que $k(s)n(s) = t'(s)$. Dado $b(s) = t(s) \times n(s)$ existe uma função $\tau : I \to \mathbb{R}$ chamada torção, satisfazendo $\frac{db}{ds}(s) = -\tau(s)n(s)$. Note que $t(s)$, $n(s)$ e $b(s)$ são unitários e mutuamente ortogonais. As fórmulas de Frenet são:

$$\frac{dt}{ds} = kn, \quad \frac{dn}{ds} = -kt + \tau b, \quad \frac{db}{ds} = -\tau n.$$

Para provar o teorema fundamental da teoria das curvas escrevemos a seguinte equação diferencial matricial:

$$\frac{d}{ds}\begin{pmatrix} t \\ n \\ b \end{pmatrix} = \begin{pmatrix} 0 & k & 0 \\ -k & 0 & \tau \\ 0 & -\tau & 0 \end{pmatrix}\begin{pmatrix} t \\ n \\ b \end{pmatrix},$$

com a condição inicial $\begin{pmatrix} t(0) \\ n(0) \\ b(0) \end{pmatrix} = \begin{pmatrix} 1 & 0 & 0 \\ 0 & 1 & 0 \\ 0 & 0 & 1 \end{pmatrix}$, onde supomos que $0 \in I$.)

4. Sejam A, B, C e D matrizes de ordem n cujos elementos são funções contínuas, reais ou complexas, definidas num intervalo I.

   (a) Seja $U = U(t)$ uma matriz fundamental de $x' = A(t)x$. Prove que a inversa de U satisfaz a equação $y' = -yA(t)$.

   (b) Sejam U e V soluções de $X' = A(t)X$, $X(t_0) = E$ e $X' = XB(t)$, $X(t_0) = E$. Prove que $\Phi(t) = U(t) \cdot X_0 \cdot V(t)$ é a solução de $X' = A(t)X + XB(t)$, $X(t_0) = X_0$.

   (c) Seja $\{U, V\}$ uma solução do seguinte sistema

$$X' = A(t) \cdot X + B(t)Y$$
$$Y' = C(t) \cdot X + D(t)Y.$$

   Prove que se V é inversível em I, então $W(t) = U(t) \cdot V^{-1}(t)$ é uma solução da equação

$$Z' = B(t) + A(t) \cdot Z - Z \cdot D(t) - Z \cdot C(t) \cdot Z.$$

5. Seja $A(t)$ contínua em $I = [0, s]$. Suponha que

$$x' = A(t)x \qquad (*)$$

CAPÍTULO 2 — EQUAÇÕES DIFERENCIAIS LINEARES   77

tem a solução nula como única solução de período s. Então para toda função contínua $b(t)$ existe uma única solução φ_b, de período s, de $x' = A(t)x + b(t)$. Mais ainda, existe uma constante $C > 0$, independente de b, tal que $|\varphi_b| \leq C|b|$.

(Sugestão: use o fato de $\psi(t) = 0$ ser a única solução de $(*)$ que satisfaz $\psi(0) = \psi(s)$ para provar que se $\phi(t)$ é matriz fundamental de $(*)$ tal que $\phi(0) = E$, então $\phi(0) - \phi(s) = E - \phi(s)$ é inversível. Depois use a fórmula de "variação de parâmetros" para provar que se $\varphi(t, 0, x_0)$ é solução de $x' = A(t)x + b(t)$ e satisfaz $\varphi(0, 0, x_0) = \varphi(s, 0, x_0)$, então

$$x_0 = (E - \phi(s))^{-1}\phi(s)\int_0^s \phi^{-1}(u)b(u)\mathrm{d}u \, .)$$

6. Seja $A(t)$ contínua e periódica de período s em $\mathbb{R}$. Suponha que $(*)$ (Exercício 5) tem $\varphi \equiv 0$ como única solução periódica de período s. Prove que existe $\delta > 0$ tal que para toda função contínua $f : \mathbb{R} \times \mathbb{E} \to \mathbb{E}$, periódica de período s na primeira variável com $|D_2 f(t, x)| < \delta$ para todo (t, x), então

$$x' = A(t)x + f(t, x)$$

tem uma única solução φ_f periódica de período s. Prove também que se $f \to 0$ uniformemente, então $\varphi_f \to 0$ uniformemente.

(Sugestão: use o Exercício 5 para concluir que, para toda função contínua b de período s, existe uma única solução φ_b de período s, de $x' = A(t)x + f(t, b(t))$. Prove que a aplicação $b \to \varphi_b$ é uma contração, se δ é pequeno.)

7. Considere o sistema n-dimensional

$$x' = A(t)x$$

tal que $A(t)$ pode ser desenvolvida em série de potências

$$A(t) = \sum_{m=0}^{\infty} A_m t^m$$

para $t \in (-r, r)$, onde A_m é matriz constante $n \times n$. Seja $x : (-\varepsilon, \varepsilon) \to \mathbb{R}^n$ uma solução do sistema com desenvolvimento em série $x(t) = \sum_{m=0}^{\infty} a_m t^m$, $a_m \in \mathbb{R}^n$. Mostre que

$$(m+1)a_{m+1} = \sum_{j=0}^{m} A_{m-j}a_m \qquad (*)$$

para todo $m \geq 0$. Deduza que o desenvolvimento em série de $x(t)$ é convergente em $(-r, r)$.

(Sugestão: sejam $0 < \rho_1 < r$. Da convergência absoluta da série $\sum_{m=0}^{\infty} A_m t^m$ em $t = \rho$, deduzir que existe $c > 0$ tal que

$$\|A_m\| \le c \left(\frac{1}{\rho}\right)^m, \quad m \ge 0.$$

Daí, usando $(*)$, provar por indução, em m, que existe $K > 0$ tal que

$$|a_m| \le K \left(\frac{1}{\rho_1}\right)^m.)$$

8. Suponha que f é de classe C^1 em $\mathbb{R} \times \mathbb{E}$ e que para todo $(t_0, x_0) \in \mathbb{R} \times \mathbb{E}$, $\varphi(t, t_0, x_0)$, solução de $x' = f(t, x)$, $x(t_0) = x_0$, está definida para todo $t \in \mathbb{R}$.

   (a) Prove que se $D_3 \varphi = \frac{\partial \varphi}{\partial x_0}(t, t_0, x_0)$ existe e é contínua, então $X(t) = D_3 \varphi(t, t_0, x_0)$ é solução da equação matricial $X' = D_2 f(t, \varphi(t, t_0, x_0)) X$, $X(t_0) = E$ (a matriz identidade).

   (Sugestão: note que $\varphi(t, t_0, x_0)$ é solução de $x' = f(t, x)$, $x(t_0) = x_0$ se e só se $\varphi(t, t_0, x_0) = x_0 + \int_{t_0}^t f(s, \varphi(s, t_0, x_0)) ds$. Use então o teorema de Leibnitz: sejam $[a, b]$ intervalo em $\mathbb{R}$, $U \subset \mathbb{R}^n$ aberto e $g : [a, b] \times U \to \mathbb{R}^p$ contínua com $\partial_2 g : [a, b] \times U \to \mathscr{L}(\mathbb{R}^n, \mathbb{R}^p)$ contínua. Então $\phi : U \to \mathbb{R}^p$ definida por $\phi(x) = \int_a^b g(t, x) dt$ é de classe C^1 e $\phi'(x) = \int_a^b \partial_2 g(t, x) dt$.)

   (b) Suponha que $f : \mathbb{R} \times \mathbb{E} \times \Lambda \to \mathbb{E}$ é de classe C^1, onde $\mathbb{E}$ e Λ são espaços euclidianos e que para todo $\lambda \in \Lambda$, $\varphi(t, t_0, x_0, \lambda)$, a solução de $x' = f(t, x, \lambda)$, $x(t_0) = x_0$, está definida para todo $t \in \mathbb{R}$. Se $D_4 \varphi = \frac{\partial}{\partial \lambda} \varphi(t, t_0, x_0, \lambda)$ existe e é contínua, prove que $Y(t) = D_4 \varphi(t, t_0, x_0, \lambda)$ é solução da equação matricial

   $$Y' = D_2 f(t, \varphi(t, t_0, x_0, \lambda), \lambda) Y + D_3 f(t, \varphi(t, t_0, x_0, \lambda), \lambda), \quad Y(t_0) = 0.$$

   (c) Seja $f : \mathbb{R}^2 \to \mathbb{R}$ de classe C^1 com $|f| < M$ em $\mathbb{R}^2$. Prove que $\varphi(t, t_0, x_0)$ está definida e é de classe C^1 em $\mathbb{R}^3$. Demonstre que

   $$\frac{\partial \varphi}{\partial x_0}(t, t_0, x_0) = e^{\int_{t_0}^t \partial f / \partial x(s, \varphi(s, t_0, x_0)) ds}.$$

   (Sugestão: defina a sequência de funções $\{\varphi_i\}$ como segue:

   $$\varphi_0(t) = x_0,$$

   $$\varphi_i(t) = x_0 + \int_{t_0}^t f(s, \varphi_{i-1}(s)) ds.$$

CAPÍTULO 2 — EQUAÇÕES DIFERENCIAIS LINEARES   79

Usando o mesmo argumento do Teorema 2.1 da seção 2 prove que $\varphi(t) = \lim_{i \to \infty} \varphi_i(t)$ é solução de $x' = f(t, x)$, $x(t_0) = x_0$. Depois use (a) para escrever

$$\int_{t_0}^{t} \frac{\frac{\partial^2 \varphi(s, t_0, x_0)}{\partial t \partial x_0}}{\frac{\partial \varphi(s, t_0, x_0)}{\partial x_0}} \, ds = \int_{t_0}^{t} D_2 f(s, \varphi(s, t_0, x_0)) \, ds \, .)$$

9. Sejam

$$A = \begin{pmatrix} 4 & 1 & 0 & 0 & 0 \\ 0 & 4 & 1 & 0 & 0 \\ 0 & 0 & 4 & 0 & 0 \\ 0 & 0 & 0 & 1 & 1 \\ 0 & 0 & 0 & -1 & 1 \end{pmatrix} \quad B = \begin{pmatrix} -1 & 1 & 0 & 0 & 0 \\ 0 & -1 & 0 & 0 & 0 \\ 0 & 0 & 2 & 0 & 0 \\ 0 & 0 & 0 & 0 & -3 \\ 0 & 0 & 0 & 3 & 0 \end{pmatrix}$$

(a) Encontrar uma base de soluções para $x' = Ax$ e provar que toda solução desta equação tende para 0 quando $t \to -\infty$.

(b) Calcular a solução φ de $x' = Bx$, $x(0) = (a_1, a_2, a_3, a_4, a_5)$. Provar que $|\varphi(t)|$ é limitada se, e somente se, $a_1 = a_2 = a_3 = 0$.

10. Seja $p(t)$ um polinômio em $\mathbb{R}$. Defina $p_0(t) = p(t)$, $p_1(t) = 1 + \int_0^t p_0(s) \, ds$, ..., $p_k(t) = \int_0^t p_{k-1}(s) \, ds$. Prove que $p_k(t)$ converge uniformemente em cada intervalo compacto de $\mathbb{R}$, quando $k \to \infty$. Calcule $\lim_{k \to \infty} p_k(t)$.

11. Se V é um subespaço de $\mathbb{E} = \mathbb{R}^n$ ou $\mathbb{C}^n$, invariante por A, prove que V é também invariante por e^{tA}, para todo t. (V é invariante por A se $Av \in V$ para todo $v \in V$.)

12. Prove que: (a) $|e^A| \le e^{|A|}$; (b) $\det e^A = e^{(\text{traço } A)}$.

13. Suponha que μ não é valor próprio de A. Prove que para todo b, a equação $x' = Ax + e^{\mu t} b$ tem uma solução da forma $\varphi(t) = v e^{\mu t}$.

14. Encontre a solução de $x'' + x = g(t)$, $x(t_0) = x_0$, $x'(t_0) = x_0'$ onde g é uma função contínua em $\mathbb{R}$.

(Sugestão: use o Teorema 2.9. Melhor ainda, desenvolva uma fórmula de variação dos parâmetros para equações de segunda ordem.)

15. Seja $\Phi(t)$ uma matriz de $n \times n$ funções de classe C^1. Se $\Phi(0) = E$ e $\Phi(t + s) = \Phi(t)\Phi(s)$ para todo t, s em $\mathbb{R}$, prove que existe uma única matriz A tal que $\Phi(t) = e^{tA}$.

(Sugestão: considere $A = \Phi'(0)$.)

80 EQUAÇÕES DIFERENCIAIS ORDINÁRIAS — *Jorge Sotomayor*

16. Seja $A(t)$ uma matriz $n \times n$ de funções contínuas num intervalo de $\mathbb{R}$. Se para todo t

$$\left[\int_{t_0}^{t} A(s) \mathrm{d}s \right] A(t) = A(t) \left[\int_{t_0}^{t} A(s) \mathrm{d}s \right],$$

prove que $\Phi(t) = e^{\int_{t_0}^{t} A(s) \mathrm{d}s}$ é uma matriz fundamental de $x' = A(t)x$.

(Sugestão: Imite a prova da Proposição 2.11, tendo em conta que a condição acima implica

$$\frac{\mathrm{d}}{\mathrm{d}t} \left[\int_{t_0}^{t} A(s) \mathrm{d}s \right]^{m} = m A(t) \left[\int_{t_0}^{t} A(s) \mathrm{d}s \right]^{m-1}, \quad m = 1, 2, \cdots .)$$

17. Sejam A, B matrizes reais ou complexas. Prove que $e^{t(A+B)} = e^{tA} e^{tB}$, para todo $t \in \mathbb{R}$ se, e somente se, $AB = BA$.

18. Sejam A, B matrizes $n \times n$ de números reais ou complexos. Defina o colchete de A e B por $[A, B] = BA - AB$. Se $[A, [A, B]] = [B, [A, B]] = 0$, prove que para todo $t \in \mathbb{R}$

$$e^{tB} e^{tA} = e^{t(A+B)} e^{\frac{t^2}{2} [A,B]}.$$

(Sugestão: verifique que $\Phi(t) = e^{-t(A+B)} e^{tB} e^{tA}$ é solução de $X' = t[A, B]X$.)

19. Considere o seguinte sistema complexo em $\mathbb{C}^2$:

$$\frac{\mathrm{d}z_1}{\mathrm{d}t} = \omega_1 z_1, \quad \frac{\mathrm{d}z_2}{\mathrm{d}t} = \omega_2 z_2, \quad \omega_1 \neq 0.$$

Denote por $\varphi(t, z_1, z_2)$ a solução deste sistema tal que $\varphi(0, z_1, z_2) = (z_1, z_2)$. Seja $T^2 = \{(z_1, z_2); |z_1| = |z_2| = 1\}$ o toro bidimensional em $\mathbb{C}^2 = \mathbb{R}^4$, $T^2 = S^1 \times S^1$.

(a) Prove que T^2 é invariante por φ (i. e., $\varphi(t, z_1, z_2) \in T^2$ para todo t, se $(z_1, z_2) \in T^2$), se, e somente se, $\mathrm{Re}(\omega_1) = \mathrm{Re}(\omega_2) = 0$.

(b) Prove que $\varphi(t, z_1, z_2)$ é periódica em t, para todo $(z_1, z_2) \in \mathbb{C}^2$, se, e somente se, $\mathrm{Re}(\omega_1) = \mathrm{Re}(\omega_2) = 0$ e $\mathrm{Im}(\omega_2)/\mathrm{Im}(\omega_1)$ é racional.

(c) Se $\mathrm{Re}(\omega_1) = \mathrm{Re}(\omega_2) = 0$ e $\mathrm{Im}(\omega_2)/\mathrm{Im}(\omega_1)$ é irracional, prove que para todo $(z_1, z_2) \in T^2$ a aplicação $t \to \varphi(t, z_1, z_2)$ é biunívoca e sua imagem é densa em T^2.

(d) Seja $S^3 = \{(z_1, z_2) \in \mathbb{C}^2; |z_1|^2 + |z_2|^2 = 1\}$ a esfera tridimensional em $\mathbb{C}^2 = \mathbb{R}^4$. Prove que é possível decompor S^3 como união disjunta de curvas simples e fechadas, i.e, curvas homeomorfas a círculos.

(Sugestão: (c) Defina $\xi(z_2) = e^{2\pi i \omega_2/\omega_1} z_1$, $\xi : S^1 \to S^1$. Prove que para todo $z_2 \in S^1$, $\theta(z_2) = \{z = \xi^n(z_2), n \in \mathbb{Z}\}$ é denso em S^1. Prove que o conjunto dos pontos onde a solução $\varphi(t, 1, z_2)$ intercepta $\{1\} \times S^1 \subset T^2$ é $\{1\} \times \theta(z_2)$.

(d) Considere as soluções da equação acima com $\operatorname{Re}(\omega_1) = \operatorname{Re}(\omega_2) = 0$ e $\operatorname{Im}(\omega_2)/\operatorname{Im}(\omega_1)$ racional. Observe que S^3 é invariante por φ.)

20. Seja $x' = Ax$ um sistema bidimensional real. Em termos de $\Delta = \det A$ e $\tau = \operatorname{traço} A$, decida quando este sistema define uma sela, nó estável, foco instável, nó impróprio, centro, etc. Por exemplo, se $\Delta < 0$, temos uma sela, etc. Ilustre graficamente suas conclusões.

21. Seja $\mathscr{U}$ o conjunto das matrizes reais 2×2 tais que o sistema $x' = Ax$, $A \in \mathscr{U}$, define

    (a) uma sela; (b) nó atrator; (c) nó fonte; (d) foco atrator; (e) nó impróprio; (f) centro, etc.

    Prove que $\mathscr{U}$ é aberto nos casos (a), (b), (c), (d) e $\mathscr{U}$ tem interior vazio no caso (e).

22. Faça um esquema aproximado das soluções de $x' = Ax$ nos seguintes casos:

    (1) $A = \begin{pmatrix} 2 & 1 \\ 3 & 4 \end{pmatrix}$ (2) $A = \begin{pmatrix} -1 & 8 \\ 1 & 1 \end{pmatrix}$ (3) $A = \begin{pmatrix} 1 & 1 \\ -3 & -2 \end{pmatrix}$

    (4) $A = \begin{pmatrix} 2 & -3 \\ 1 & -2 \end{pmatrix}$ (5) $A = \begin{pmatrix} 5 & 3 \\ -3 & 1 \end{pmatrix}$ (6) $A = \begin{pmatrix} -2 & 0 & 0 \\ 0 & 3 & 0 \\ 0 & 1 & 3 \end{pmatrix}$

    Nos casos (1) a (5) diga se o sistema define uma sela, centro, foco estável, nó instável, etc.

23. *Equações lineares de ordem superior com coeficientes constantes*
    (I) *Caso das raízes simples*
    Definição A equação linear homogênea de n-ésima ordem com coeficientes constantes é a equação da forma

    $$z^{(n)} + a_1 z^{(n-1)} + \cdots + a_{n-1} z^{(1)} + a_n z = 0, \tag{I.1}$$

    onde z é a função incógnita na variável independente t e os coeficientes $a_1, a_2, \ldots, a_n$ são constantes (reais ou complexas). Também indicamos que $z^{(j)}$ é a j-ésima derivada de z.

    (a) Escrever a equação (I.1) na forma de uma equação matricial ($X' = AX$, sendo A uma matriz com coeficientes constantes).

Definição Dada a equação (I.1), o polinômio

$$L(p) = p^n + a_1 p^{n-1} + \cdots + a_{n-1} p + a_n$$

é chamado polinômio característico da dita equação.

(b) Suponhamos que o polinômio característico da equação (I.1) não tem raízes múltiplas e que as raízes são

$$\lambda_1, \lambda_2, \ldots, \lambda_n.$$

Se consideramos

$$z_1 = e^{\lambda_1 t}, \ z_2 = e^{\lambda_2 t}, \ldots, z_n = e^{\lambda_n t}, \tag{1}$$

então para constantes complexas quaisquer $c^1, c^2, \ldots, c^n$, a função

$$z = c^1 z_1 + c^2 z_2 + \cdots + c^n z_n \tag{2}$$

é solução da equação (I.1). Esta solução é a solução geral no sentido seguinte: cada solução da equação (I.1) pode ser obtida de (2) por uma apropriada eleição das constantes $c^1, c^2, \ldots, c^n$. Aqui ditas constantes, chamadas *constantes de integração*, estão definidas de modo único para cada solução z dada. As funções de (1) constituem uma base para o espaço vetorial de soluções de (I.1) e chamam-se *sistema fundamental de soluções de* (I.1).

(c) Sejam

$$z_1, z_2, \ldots, z_n \tag{3}$$

um sistema de n vetores complexos linearmente independentes em um espaço n-dimensional que satisfaçam

$$\begin{aligned} &\overline{z}_1 = z_2, \ldots, \overline{z}_{2k-1} = z_{2k}, \\ &\overline{z}_j = z_j, \ j = 2k+1, \ldots, n, \end{aligned} \tag{4}$$

sendo $\overline{z}_i = $ conjugado de z_i. Então o vetor

$$z = c^1 z_1 + \cdots + c^n z_n \tag{5}$$

é real se e só se os coeficientes de todo par de vetores conjugados são conjugados e os coeficientes de todos os vetores reais são reais.

Esta proposição será útil no exercício seguinte.

CAPÍTULO 2 — EQUAÇÕES DIFERENCIAIS LINEARES 83

(d) Suponhamos que os coeficientes do polinômio característico $L(p)$ de (I.1) são reais. Então para que a solução (2) de (I.1) seja real é necessário e suficiente que os coeficientes de pares de soluções complexas conjugadas sejam conjugados e os coeficientes de soluções reais sejam reais. Observe que se a raiz λ de $L(p)$ é real, $e^{\lambda t}$ é solução real, se λ é complexa $e^{\lambda t}$ e $e^{\bar{\lambda} t}$ são soluções mutuamente conjugadas.

(Sugestão: Denotemos por Z_k o vetor com coordenadas $\{z_k(0), z_k'(0), \ldots, z_k^{(n-1)}(0)\}$ (sendo z_k como em (1)). Então é fácil ver que $Z_1, Z_2, \ldots, Z_n$ são linearmente independentes e assim pode-se usar o Exercício (c) para provar a necessidade da condição.)

(e) Provar que se substituirmos cada par de soluções complexas conjugadas $e^{\lambda t}$, $e^{\bar{\lambda} t}$ de (I.1) pelas partes reais e imaginárias $\mathrm{Re}(e^{\lambda t})$, $\mathrm{Im}(e^{\lambda t})$ no sistema fundamental (1), obtemos um sistema fundamental de soluções reais.

(f) Se as soluções (1) satisfazem

$$\bar{z}_1 = z_2, \ldots, \bar{z}_{2k-1} = z_{2k},$$
$$\bar{z}_{2k-1} = z_{2k+1}, \ldots, \bar{z}_n = z_n,]$$

então cada solução real z pode ser escrita na forma

$$z = \rho_1 e^{\mu_1 t} \cos(\nu_1 t + \alpha_1) + \cdots + \rho_k e^{\mu_k t} \cos(\nu_k t + \alpha_k)$$
$$+ c^{2k+1} e^{\lambda_{2k+1} t} + \cdots + c^n e^{\lambda_n t},$$

onde $\rho_1, \ldots, \rho_k, \alpha_1, \ldots, \alpha_k, c^{2k+1}, \ldots, c^n$ são constantes reais arbitrárias. Observe que, intuitivamente, para $j \in \{1, 2, \ldots, k\}$, ν_j dá um caráter oscilatório à solução com frequência ν_j e μ_j tende a afastar ou aproximar a solução da origem segundo seja $\mu_j > 0$ ou $\mu_j < 0$.

(II) *Caso das raízes múltiplas*

Definição Seja $L(p) = a_0 p^n + a_1 p^{n-1} + \cdots + a_{n-1} p + a_n$ um polinômio arbitrário com coeficientes constantes (reais ou complexos) com respeito ao símbolo p, e seja z uma certa função real ou complexa na variável real t. Definimos:

$$L(p)z = a_0 z^{(n)} + a_1 z^{(n-1)} + \cdots + a_{n-1} z' + a_n z. \tag{6}$$

Pela notação introduzida na equação (I.1), (6) pode ser escrita na forma

$$L(p)z = 0, \tag{7}$$

onde $L(p) = a_0 p^n + a_1 p^{n-1} + \cdots + a_{n-1} p + a_n$.

(g) Se $L(p)$ e $M(p)$ são dois polinômios arbitrários no símbolo p (ou, como em geral se diz, no operador diferencial p), z_1, z_2 e z são funções de t e λ é qualquer número complexo, então temos as identidades

$$L(p)(z_1 + z_2) = L(p)z_1 + L(p)z_2$$
$$(L(p) + M(p))z = L(p)z + M(p)z$$
$$L(p)(M(p)z) = (L(p)M(p))z$$
$$L(p)e^{\lambda t} = L(\lambda)e^{\lambda t}$$
$$L(p)(e^{\lambda t}z) = e^{\lambda t}L(p + \lambda)z$$

(h) Seja $L(p)$ um polinômio arbitrário no símbolo p, e seja a função $\omega_r(t)$ na variável real t definida pela fórmula

$$\omega_r(t) = L(p)t^r e^{\lambda t},$$

onde λ é um número complexo. Temos que, se λ é raiz de multiplicidade k de $L(p)$, então as funções $\omega_0(t), \omega_1(t), \ldots, \omega_{k-1}(t)$ são identicamente zero.

(i) Seja $L(p)z = 0$ uma equação linear homogênea de n-ésima ordem com coeficientes constantes. Ademais, sejam $\lambda_1, \lambda_2, \ldots, \lambda_m$ o conjunto de raízes mutuamente distintas do polinômio $L(p)$, a raiz λ_j tendo multiplicidade k_j, assim que $\sum k_i = n$. Se considerarmos

$$\begin{cases} z_1 = e^{\lambda_1 t}, z_2 = t e^{\lambda_1 t} \quad, \ldots, z_{k_1} = t^{k_1 - 1} e^{\lambda_1 t}; \\ z_{k_1 + 1} = e^{\lambda_2 t}, \qquad\qquad , \ldots, z_{k_1 + k_2} = t^{k_2 - 1} e^{\lambda_2 t}; \\ \qquad\qquad\qquad\quad , \ldots, z_n = t^{k_m - 1} e^{\lambda_m t} \end{cases} \tag{8}$$

então as funções (8) são soluções da equação $L(p)z = 0$; além disso a solução geral da equação $L(p) = 0$ tem a forma

$$z = c^1 z_1 + \cdots + c^n z_n. \tag{9}$$

sendo $c^1, c^2, \ldots, c^n$ constantes complexas.

(j) Suponhamos que os coeficientes do polinômio característico $L(p)$ da equação $L(p)z = 0$ são reais. A fim de que a solução (9) seja real, é necessário e suficiente que os coeficientes das soluções reais sejam reais, e os coeficientes de pares de soluções complexas conjugadas sejam complexos conjugados.

CAPÍTULO 2 — EQUAÇÕES DIFERENCIAIS LINEARES   85

(k) Sejam $t^r e^{\lambda t}$ e $t^r e^{\bar{\lambda} t}$ duas soluções complexas conjugadas de (8). No caso de uma solução real z, a parte da soma (9) correspondente a estas soluções pode ser escrita na forma

$$\hat{z} = c t^r e^{(u+iv)t} + \bar{c} t^r e^{(u-iv)t}.$$

Se consideramos $c = \frac{1}{2}\rho e^{i\alpha}$, teremos

$$\hat{z} = \rho t^r e^{ut} \cos(vt + \alpha). \tag{10}$$

Deste modo é possível substituir cada par de soluções complexas conjugadas que aparecem em (9) por uma função real da forma (10) contendo duas constantes reais arbitrárias ρ e α.

24. *Polinômios estáveis e equações lineares não homogêneas com coeficientes constantes*

Definição Um polinômio $L(p)$ é dito *estável* se todas as suas raízes têm parte real negativa.

Prove que se $p^n + a_1 p^{n-1} + \cdots + a_n$, com $a_i \in \mathbb{R}$, é estável, então $a_i > 0$ para todo i. Demonstre também que toda solução φ da equação diferencial $L(p) = 0$, onde L é estável, é tal que $\varphi(t) \to 0$ se $t \to \infty$.

(a) O polinômio

$$L(p) = a_0 p^3 + a_1 p^2 + a_2 p + a_3, \ \ a_0 > 0,$$

com coeficientes reais é estável se e só se os números a_1, a_2, a_3 são positivos e $a_1 a_2 > a_0 a_3$.

A extensão a grau superior deste resultado chama-se *Critério de Routh - Hurwitz*.

Definição Um quase-polinômio é qualquer função $f(t)$ que pode ser escrita na forma

$$F(t) = f_1(t)e^{\lambda_1 t} + f_2(t)e^{\lambda_2 t} + \cdots + f_m(t)e^{\lambda_m t}, \tag{1}$$

onde $\lambda_1, \lambda_2, \ldots, \lambda_m$ são números complexos e $f_1(t), f_2(t), \ldots, f_m(t)$ são polinômios em t.

Nos exercícios seguintes estudaremos a equação

$$L(p)z = F(t), \tag{2}$$

onde $F(t)$ é um quase-polinômio. Junto com a equação (2) estudaremos a equação homogênea correspondente

$$L(p)u = 0. \tag{3}$$

86 Equações Diferenciais Ordinárias — *Jorge Sotomayor*

(b) Se $\hat{z}$ é alguma solução da equação (2) (ou também dita, uma solução particular), então uma solução arbitrária z desta equação pode ser escrita na forma

$$z = \hat{z} + u,$$

onde u é solução da equação (3).

(c) Consideremos a equação não homogênea

$$L(p)z = f(t)e^{\lambda t} \tag{4}$$

na qual $f(t)$ é um polinômio de grau r em t e λ é um número complexo. Seja $k = 0$ caso $L(\lambda) \neq 0$ e seja k a multiplicidade da raiz λ se $L(\lambda) = 0$. Nestas condições, existe uma solução particular da equação (4) da forma

$$z = t^k g(t)e^{\lambda t}, \tag{5}$$

sendo $g(t)$ um polinômio em t de grau r.

25. Seja A uma matriz $n \times n$ de números reais ou complexos.

    (a) Prove que $\lim_{n \to \infty} \left(E + \frac{A}{n}\right)^n = e^A$, $E =$ identidade.
    (Sugestão: desenvolver $\left(E + \frac{A}{n}\right)^n$ usando o Teorema do Binômio de Newton e comparar com $e^A = \sum_{i=0}^{\infty} A^i / i!$.)

    (b) Sejam f um campo vetorial em $\mathbb{R}^n$, $x_0 \in \mathbb{R}^n$ e $x_{k+1} = x_k + f(x_k)\Delta t$, $k = 1, \ldots, n-1$, onde $\Delta t = t/n$. A poligonal cujos vértices são os pontos x_i chama-se poligonal de Euler. Se $f(x) = Ax$, prove que para todo $t \in \mathbb{R}$ o extremo $x_n = x_n(t)$ desta poligonal converge para $e^{At}x_0$.
    (Sugestão: verifique que $x_n(t) = \left(E + \frac{At}{n}\right)^n x_0$.)

    (c) Prove que $\frac{d}{d\theta}\det(E + \theta A)|_{\theta=0} =$ traço A.
    (Sugestão: Se $\lambda_1, \lambda_2, \ldots, \lambda_n$ são os autovalores de A, então $\det(E + \theta A) = \prod_{i=1}^{n}(1 + \theta \lambda_i) = 1 + \theta \sum_{i=1}^{n} \lambda_i + O(\theta^2)$.)

    (d) Usando as ideias do exercício prove que $\det(e^A) = e^{\text{traço} A}$.
    (Sugestão: Note que $\det e^A = \det\left(\lim_{n \to \infty}\left(E + \frac{A}{n}\right)^n\right)$ e que $\left(\det\left(E + \frac{A}{n}\right)\right)^n = \left(1 + \frac{1}{n}\text{traço}\, A + 0\left(\frac{1}{n^2}\right)\right)^n$.)

    (e) Em que condições nos valores próprios de e^A a matriz A define um sistema linear atrator, uma fonte, um sistema hiperbólico?

26. Se $x' = Ax$ e $x' = Bx$ são atratores e $AB = BA$, prove que $x' = (A + B)x$ também é atrator. Reformulando se nescessário a conclusão, desenvolva a mesma questão mudando atrator por fonte e por sistema hiperbólico.
(Sugestão: use o Teorema 2.30).

CAPÍTULO 2 — EQUAÇÕES DIFERENCIAIS LINEARES   87

27. Seja f o campo vetorial associado a um fluxo $\varphi(t,x) = \varphi_t(x)$, de classe C^2 em $\mathbb{R}^n$, isto é, $f(x) = \varphi'(0,x)$. Prove que para todo subconjunto de $\mathbb{R}^n$ aberto limitado B, $v(t) = \text{volume}\,[\varphi_t(B)]$ satisfaz a $\frac{dv}{dt}(t) = \int_{\varphi_t(B)} \text{div}\,f$.

Lembramos que $\text{vol}\,[D] = \int_{\mathbb{R}^n} \chi_D$, onde $\chi_D = 1$ em D e $\chi_D = 0$, fora de D, e que a divergência de $f = (f_1,\dots,f_n)$ é definida como $\sum_{i=1}^n \frac{\partial f_i}{\partial x_i} = \text{traço de } Df$. Em particular, se $\text{div}\,f \equiv 0$, $\text{vol}\,[\varphi_t(B)] = \text{vol}\,[B]$ para todo t. Isto é, φ_t preserva o volume.

(Sugestão: Aplicar a fórmula de mudança de variáveis na integral para obter $v(t) = \int_B \det(D\varphi_t)$ e usar a Fórmula de Liouville, Proposição 2.10, para uma matriz fundamental do sistema linear $x' = Df(\varphi_t(x_0))x$.)

28. Sejam M_n o conjunto das matrizes de ordem $n \times n$ identificado com $\mathbb{R}^{n^2}$ e $S = \{A \in M_n;\ x' = Ax \text{ é hiperbólico}\}$.

Mostre que S é aberto e denso em M_n.

29. Sejam $x' = Ax$ um sistema hiperbólico com índice de estabilidade s. Escreva $E^s = \{x \in \mathbb{R}^n \text{ tal que } e^{tA}x \to 0 \text{ quando } t \to \infty\}$ e $E^u = \{x \in \mathbb{R}^n \text{ tal que } e^{tA}x \to 0 \text{ quando } t \to -\infty\}$.

Mostre que E^s é um subespaço vetorial de dimensão s; e $\mathbb{R}^n = E^s \oplus E^u$.

30. M_n denota o conjunto de matrizes de ordem $n \times n$. Seja $C_i = \{A \in M_n \text{ tal que } x' = Ax \text{ é hiperbólico e tem índice de estabilidade } i\}$.

Mostre que C_i é aberto em M_n. Lembre que i denota o número de valores próprios com parte real negativa.

31. Um sistema linear $x' = Ax$ chama-se *estruturalmente estável* se existe uma vizinhança $V(A)$ tal que para toda matriz $B \in V(A)$ o sistema linear $x' = Bx$ é topologicamente conjugado a $x' = Ax$. Prove que $x' = Ax$ é estruturalmente estável se, e somente se, $x' = Ax$ é hiperbólico.

(Sugestão: para a prova de que a matriz deve ser hiperbólica observe que se λ é autovalor de A e v é um autovetor correspondente a λ, então $\varphi(t) = e^{\lambda t}v$ é solução de $Ax = x'$. Além disso, $|\varphi(t)| = e^{\alpha t}|v|$ se $\alpha = \text{Re}\,(\lambda)$.)

32. Prove que $x' = Ax$ é um atrator se e só se existe uma forma quadrática q definida positiva tal que

$$Dq(x) \cdot Ax < 0 \text{ para todo } x \neq 0.$$

33. Seja C uma matriz $n \times n$ complexa com $\det C \neq 0$. Prove que existe uma matriz B complexa tal que $C = e^B$.

(Sugestão: use a forma de Jordan complexa de C.)

88   Equações Diferenciais Ordinárias — *Jorge Sotomayor*

34. Para toda matriz real D com $\det D \neq 0$ prove que existe uma matriz real B tal que $e^B = D^2$.

    (Sugestão: observe que se A é uma matriz complexa e $\overline{A}$ denota a sua conjugada, então $e^{\overline{A}} = \overline{(e^A)}$. Use então o exercício 33. Alternativamente, use a Forma de Jordan Real.)

35. (Teorema de Floquet) Seja $A(t)$ periódica de período τ como no Exemplo 2.8(b) da seção 2. Prove que existem uma matriz $P = P(t)$ periódica de período τ e uma matriz B, em geral complexa, tais que, para a matriz fundamental $\phi(t)$, tem-se $\phi(t) = P(t)e^{Bt}$.

    (Sugestão: se $\phi(t + \tau) = \phi(t)C$, defina B por $C = e^{Bt}$ e $P(t) = \phi(t)e^{-Bt}$.)

36. Seja $A(t)$ como no exercício 35. Prove que existe uma matriz periódica $P(t)$ tal que a transformação $\varphi(t) \to P(t)\varphi(t)$ transforma biunivocamente as soluções de $x' = A(t)x$ nas soluções de uma equação linear $x' = Bx$ com coeficientes constantes.

37. Mostre que as partes reais dos valores próprios de B não dependem da matriz fundamental ϕ escolhida. Estes valores próprios chamam-se *expoentes característicos* da equação $x' = A(t)x$. Prove que eles têm parte real negativa se, e somente se, $|\phi(t)| \leq Ke^{-\mu t}$ para certos $K, \mu > 0$ (veja o exercício anterior).

38. Um sistema linear periódico $x' = A(t)x$ chama-se hiperbólico se os valores próprios da matriz B obtida no exercício 36 têm parte real diferente de zero. Prove que esta definição não depende de $P(t)$ e desenvolva uma teoria análoga à das seções 5 e 6 deste capítulo para estes sistemas.

39. Achar a única solução limitada da equação

$$x'' + bx' + \omega_0^2 x = A\cos\omega t,$$

onde $b > 0$, $\omega_0 > 0$ e $b^2 - 4\omega_0^2 < 0$.

Se $x_\omega : \mathbb{R} \to \mathbb{R}$ é esta solução, definir $f(\omega) = \sup_{t\in\mathbb{R}} |x_\omega(t)|$. Para que valor de ω esta função toma seu valor máximo?

(Sugestão: Tentar uma solução da forma $x(t) = k_1 \operatorname{sen}\omega t + k_2 \cos\omega t$. Compare com a parte estacionária das oscilações forçadas e também com o fenômeno de ressonância tratados na seção 8 do capítulo 2.)

3
Teoria Qualitativa das EDOs: Aspectos Gerais

Iniciaremos neste capítulo o estudo de sistemas de equações diferenciais da forma

$$\begin{cases} x_1' = X_1(x_1,\ldots,x_n), \\ x_2' = X_2(x_1,\ldots,x_n), \\ \quad\vdots \\ x_n' = X_n(x_1,\ldots,x_n), \end{cases} \tag{3.1}$$

chamados autônomos (isto é, as funções X_i são independentes de t). Não procuraremos soluções na forma explícita ou mesmo aproximada, mas propomo-nos a determinar, pelo estudo direto das funções X_i, o retrato de fase de (3.1), isto é, a forma global da família de soluções máximas de (3.1). No Capítulo 2 fizemos uma descrição completa do retrato de fase de um sistema linear hiperbólico por meio do estudo da exponencial e^{tA}. Entretanto, quando os X_i's são não lineares, a determinação do retrato de fase de (3.1) tem real interesse, pois na maioria das vezes não é possível encontrar explicitamente as soluções e, por outro lado, as soluções aproximadas convergem para soluções verdadeiras somente em intervalos compactos, sendo a convergência tanto mais lenta quanto maior for o comprimento do intervalo.

O pioneiro no estudo do retrato de fase de um sistema de equações diferenciais foi H. Poincaré, que encontrou em problemas da Mecânica Celeste a motivação inicial. Um dos problemas que recebeu sua particular atenção foi o da estabilidade do sistema solar, sendo o movimento modelado pelas leis de Newton.

Várias questões são relevantes para o estudo global das soluções de (3.1). Deseja-se saber, por exemplo, quais soluções $x(t) = (x_1(t),\cdots,x_n(t))$ de (3.1) são periódicas ou permanecem numa região limitada do espaço. Ou então, se convergem para um ponto de equilíbrio (que é uma solução constante) ou para uma órbita periódica quando $t \to \infty$ ou $t \to -\infty$. Os métodos desenvolvidos para responder estas questões constituem um corpo de resultados que Poincaré chamou

90 EQUAÇÕES DIFERENCIAIS ORDINÁRIAS — *Jorge Sotomayor*

de Teoria Qualitativa. Atualmente esta teoria é significativa para muitos problemas não lineares que transcendem à Mecânica Celeste. Assim, no estudo matemático da dinâmica das populações aparecem equações do tipo (3.1), onde cada x_i denota a densidade da população de uma espécie e as funções X_i exprimem a lei de interação entre as espécies. Nestas registram-se fatos como a competição pelo mesmo alimento e espaço ou a ação predatória de uma espécie sobre outra. Se as soluções $x_i(t)$, $i = 1, \ldots, n$, tendem para um ponto de equilíbrio $(a_1, \ldots, a_n)$ quando $t \to \infty$ e $a_i > 0$ para $i = 1, \ldots, n$, interpreta-se este comportamento dizendo que as populações evoluem para uma situação de coexistência. Se as soluções tendem para uma solução periódica $\gamma(t) = (x_1(t), \ldots, x_n(t))$, $x_i(t) > 0$, $i = 1, \ldots, n$, tem-se uma flutuação de populações no domínio do habitat em um ciclo ininterrupto.

Os pontos singulares ou de equilíbrio desempenham um papel crucial na descrição do retrato de fase. Poincaré fez um catálogo destes pontos para $n = 2$, classificando sua estrutura local por comparação com os sistemas lineares (são o foco, a sela, o nó, etc.). Veja a seção 4. De igual importância são as soluções periódicas, cujo estudo é mais sutil. Poincaré idealizou métodos geométricos e analíticos para analisar a existência e estabilidade de soluções periódicas.

Neste capítulo apresentamos os fundamentos da Teoria Qualitativa e discutimos, sem pretender esgotá-los, alguns problemas importantes. Este estudo tem continuidade nos Capítulos 4, 5, na Estabilidade Estrutural e Bifurcações [18], [24], e na Teoria dos Sistemas Dinâmicos [17].

1. Campos vetoriais e fluxos

Seja Δ um subconjunto aberto do espaço euclideano $\mathbb{R}^n$. Um campo vetorial de classe C^k, $1 \le k \le \infty$ em Δ é uma aplicação $X : \Delta \to \mathbb{R}^n$ de classe C^k. Ao campo vetorial X associamos a equação diferencial

$$x' = X(x). \tag{3.2}$$

As soluções desta equação, isto é, as aplicações diferenciáveis $\varphi : I \to \Delta$ (I intervalo da reta) tais que

$$\frac{d\varphi}{dt}(t) = X(\varphi(t)), \tag{3.3}$$

para todo $t \in I$, são chamadas *trajetórias* ou *curvas integrais* de X ou da equação diferencial (3.2).

Um ponto $x \in \Delta$ é dito *ponto singular* de X se $X(x) = 0$ e é chamado *ponto regular* de X se $X(x) \ne 0$.

Se x é ponto singular então $\varphi(t) = x$, $-\infty < t < \infty$, é solução de (3.2). Reciprocamente, se $\varphi(t) = x$, $-\infty < t < \infty$, é solução de (3.2) então x é ponto singular de X, pois

$$0 = \varphi'(t) = X(\varphi(t)) = X(x).$$

Uma curva integral $\varphi : I \to \Delta$ de X chama-se *máxima* se para toda curva integral $\psi : J \to \Delta$ tal que $I \subseteq J$ e $\varphi = \psi|I$ então $I = J$ e, consequentemente, $\varphi = \psi$. Neste caso, I chama-se *intervalo máximo*.

A equação (3.2) (ou (3.3)) admite a seguinte interpretação geométrica: φ é uma curva integral de X se e só se seu vetor velocidade $\varphi'(t)$ em t coincide com o valor do campo X em $\varphi(t)$. Veja a Figura 3.1.

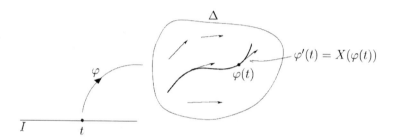

Fig. 3.1 Campo de Vetores e Curva Integral

Uma equação diferencial do tipo (3.2) é chamada *equação diferencial autônoma*, isto é, o campo de vetores $X = (X_1, \cdots, X_n)$ é independente de t. Para colocá-la no contexto do Capítulo 1, podemos definir $f : \Omega \to \mathbb{R}$ por $f(t,x) = X(x)$, onde $\Omega = \mathbb{R} \times \Delta$. Por outro lado, toda equação $x' = f(t,x)$ não autônoma em $\Omega \subseteq \mathbb{R}^{n+1}$, pode ser considerada como uma equação autônoma $z' = F(z)$ em Ω, onde $z = (s,x)$ e $F(z) = (1, f(z))$. É fácil verificar a correspondência biunívoca entre as soluções da equação não autônoma $x' = f(t,x)$ e as soluções da equação autônoma associada $z' = F(z)$.

TEOREMA 3.1

(a) (Existência e unicidade de soluções máximas) Para cada $x \in \Delta$ existe um intervalo aberto I_x onde está definida a única solução máxima φ_x de (3.2) tal que $\varphi_x(0) = x$.

(b) (Propriedade de grupo) Se $y = \varphi_x(s)$ e $s \in I_x$, então $I_y = I_x - s = \{r - s;\ r \in I_x\}$, $\varphi_y(0) = y$ e $\varphi_y(t) = \varphi_x(t + s)$ para todo $t \in I_y$.

92 EQUAÇÕES DIFERENCIAIS ORDINÁRIAS — *Jorge Sotomayor*

(c) (Diferenciabilidade em relação às condições iniciais). O conjunto $D = \{(t,x); x \in \Delta, t \in I_x\}$ é aberto em $\mathbb{R}^{n+1}$ e a aplicação $\varphi : D \to \mathbb{R}^n$ dada por $\varphi(t,x) = \varphi_x(t)$ é de classe C^k. Mais ainda, φ satisfaz à equação

$$D_1 D_2 \varphi(t,x) = DX(\varphi(t,x)) \cdot D_2 \varphi(t,x), \quad D_2 \varphi(t,x)|_{t=0} = E$$

para todo $(t,x) \in D$. Aqui E denota a identidade de $\mathbb{R}^n$

A prova será dada na seção 2.

DEFINIÇÃO 3.2

A aplicação $\varphi : D \to \Delta$ chama-se *fluxo gerado* por X.

Note-se que as condições da definição de fluxo de classe C^k estão satisfeitas, isto é, $\varphi(0,x) = x$ e $\varphi(t+s,x) = \varphi(t,\varphi(s,x))$, sendo que a segunda condição é válida apenas no contexto da parte (b) do Teorema 3.1. É claro que se $I_x = \mathbb{R}$ para todo x, o fluxo gerado por X é um fluxo de classe C^k em Δ, veja seção 3. Entretanto, muitas vezes $I_x \neq \mathbb{R}$. Por este motivo o fluxo gerado por X é chamado frequentemente de *fluxo local* ou *grupo local a um parâmetro gerado por* X. Esta última denominação decorre do fato de que a condição (b) do Teorema 3.1 define, quando $D = \mathbb{R} \times \Delta$, um homomorfismo do grupo aditivo dos reais no grupo dos difeomorfismos de classe C^r de Δ, munido da operação de composição. Ou seja, o homomorfismo é $t \to \varphi_t$ e temos $\varphi_{t+s} = \varphi_t \circ \varphi_s$ e $\varphi_{-t} = \varphi_t^{-1}$, para $\varphi_t(x) = \varphi(t,x)$. É válida assim a imagem de que os pontos de Δ fluem ao longo das trajetórias de X do mesmo modo que um fluido desloca-se ao longo de suas linhas de corrente.

OBSERVAÇÃO 3.3

A parte (b) do Teorema 3.1 decorre da unicidade de soluções e do fato da equação ser autônoma. De fato, neste caso, $\varphi_y(s)$ e $\varphi_x(t+s)$ são soluções do mesmo problema de Cauchy.

COROLÁRIO 3.4

Seja X um campo vetorial C^k, $k \geq 1$, em $\Delta \subseteq \mathbb{R}^n$. Se $x \in \Delta$ e $I_x = (\omega_-(x), \omega_+(x))$ é tal que $\omega_+(x) < \infty$ (resp. $\omega_-(x) > -\infty$) então $\varphi_x(t)$ tende a $\partial\Delta$ quando $t \to \omega_+(x)$ (resp. $t \to \omega_-(x)$), isto é, para todo compacto $K \subseteq \Delta$ existe $\varepsilon = \varepsilon(K) > 0$ tal que se $t \in [\omega_+(x) - \varepsilon, \omega_+(x))$ (resp. $t \in (\omega_-(x), \omega_-(x) + \varepsilon]$) então $\varphi_x(t) \notin K$.

DEMONSTRAÇÃO

Por contradição, suponhamos que exista um compacto $K \subseteq \Delta$ e uma sequência $t_n \to \omega_+(x) < \infty$ tal que $\varphi_x(t_n) \in K$ para todo n. Passando a uma subsequência se necessário podemos supor que $\varphi_x(t_n)$ converge a um ponto $x_0 \in K$. Sejam $b > 0$ e

CAPÍTULO 3 — TEORIA QUALITATIVA DAS EDOs: ASPECTOS GERAIS   93

$\alpha > 0$ tais que $B_b \times I_\alpha \subseteq D$, onde $B_b = \{y \in \mathbb{R}^n; |y - x_0| \leq b\} \subseteq \Delta$ e $I_\alpha = \{t \in \mathbb{R}; |t| < \alpha\}$. Pela parte (c) do Teorema 3.1, D é aberto. Pela parte (b), $\varphi_x(t_n + s)$ está definido para $s < \alpha$ e coincide com $\varphi_y(s)$ para n suficientemente grande, onde $y = \varphi_x(t_n)$. Mas então $t_n + s > \omega_+(x)$, contradição. ∎

COROLÁRIO 3.5

Se $\Delta = \mathbb{R}^n$ e $|X(x)| < c$ para todo $x \in \mathbb{R}^n$, então $I_x = \mathbb{R}$ para todo $x \in \mathbb{R}^n$.

DEMONSTRAÇÃO

Suponhamos que $\omega_+(x) < \infty$ para algum $x \in \mathbb{R}^n$. Como $|x - \varphi_x(t)| = \left| \int_0^t X(\varphi_s(x)) \mathrm{d}s \right| \leq ct \leq c\omega_+(x)$, resulta que para todo $t \in [0, \omega_+(x))$, $\varphi_x(t)$ está na bola fechada de centro x e raio $c\omega_+(x)$, o que contradiz o Corolário 3.4. Logo, $\omega_+(x) = \infty$ para todo $x \in \mathbb{R}^n$. Do mesmo modo, prova-se que $\omega_-(x) = -\infty$ para todo $x \in \mathbb{R}^n$. ∎

COROLÁRIO 3.6

Se φ_x é uma solução regular de (3.2) definida no intervalo máximo I_x e $\varphi_x(t_1) = \varphi_x(t_2)$ para $t_1 \neq t_2$, então $I_x = \mathbb{R}$, $\varphi_x(t+c) = \varphi_x(t)$, para todo t, onde $c = t_2 - t_1$. Isto é, φ_x é uma solução periódica. Ver também Teorema 3.15.

DEMONSTRAÇÃO

Definindo $\psi : [t_2, t_2 + c] \to \mathbb{R}^n$ por $\psi(t) = \varphi_x(t - c)$, tem-se $\psi'(t) = \varphi'_x(t - c) = X(\varphi_x(t - c)) = X(\psi(t))$ e $\psi(t_2) = \varphi_x(t_1) = \varphi_x(t_2)$. Em virtude da unicidade das soluções, tem-se $[t_2, t_2 + c] \subseteq I_x$ e $\varphi_x(t) = \varphi_x(t + c)$ se $t \in [t_1, t_2]$. Prosseguindo desta maneira fazendo $[t_2, t_2 + c]$ no lugar de $[t_1, t_2]$, e assim por diante, para os dois lados, obtemos $I_x = \mathbb{R}$ e $\varphi_x(t + c) = \varphi_x(t)$ para todo $t \in \mathbb{R}$. ∎

2. Diferenciabilidade dos fluxos de campos vetoriais

Nesta seção daremos uma demonstração autosuficiente do Teorema 3.1. Usamos um método baseado numa elaboração muito útil do lema da contração (Lema 1.6).

TEOREMA 3.7 Teorema da contração nas fibras

Sejam (X, d) e $(\dot{X}, \dot{d})$ espaços métricos completos e $\hat{F} : X \times \dot{X} \to X \times \dot{X}$ uma aplicação da forma $\hat{F}(x, \dot{x}) = (F(x), \dot{F}(x, \dot{x}))$. Suponha que

(a) $F : X \to X$ tem um ponto fixo atrator p. Isto é, $F(p) = p$ e $\lim_{n \to +\infty} F^n(x) = p$ para todo $x \in X$.

(b) Para todo $\dot{x} \in \dot{X}$ a aplicação $F_{\dot{x}} : X \to \dot{X}$ definida por $F_{\dot{x}}(x) = \dot{F}(x, \dot{x})$ é contínua.

(c) Para todo $x \in X$ a aplicação $\dot{F}_x : \dot{X} \to \dot{X}$ definida por $\dot{F}_x(\dot{x}) = \dot{F}(x, \dot{x})$ é uma λ-contração, com $\lambda < 1$, isto é, $\dot{d}(\dot{F}_x(\dot{x}), \dot{F}_x(\dot{y})) \leq \lambda \dot{d}(\dot{x}, \dot{y})$ para todo $\dot{x}, \dot{y} \in \dot{X}$.

Então, se $\dot{p}$ denota o único ponto fixo atrator de $\dot{F}_p$, o ponto $\hat{p} = (p, \dot{p})$ é um ponto fixo atrator de $\hat{F}$.

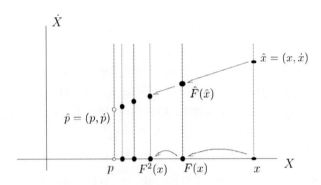

Fig. 3.2 Contração nas fibras

A demonstração deste teorema depende dos seguinte lemas.

LEMA 3.8
Seja $\{c_n\}$, $n \geq 0$, uma sequência de números reais não negativos tal que $c_n \to 0$, e seja λ tal que $0 < \lambda < 1$. Então, $\sigma_n \to 0$, onde
$$\sigma_n = \sum_{i=0}^{n} \lambda^{n-i} c_i.$$

DEMONSTRAÇÃO
Seja $M_k = \sup\{c_i, i \geq k\}$, temos $M_k \to 0$, quando $k \to \infty$, pois $c_i \to 0$. Tomemos $k = \left[\frac{n}{2}\right]$ (parte inteira de $\frac{n}{2}$); temos
$$\sigma_n = \sum_{i=0}^{n} \lambda^{n-i} c_i = \sum_{i=0}^{k} \lambda^{n-i} c_i + \sum_{i=k+1}^{n} \lambda^{n-i} c_i$$
$$\leq M_0 \sum_{i=0}^{k} \lambda^{n-i} + M_k \sum_{i=k+1}^{n} \lambda^{n-i} \leq M_0 \left(\frac{\lambda^{n-k}}{1-\lambda}\right) + \frac{M_k}{1-\lambda}.$$

Quando n tende para ∞, $n - k$ e k também tendem a ∞, logo λ^{n-k} e M_k tendem para 0 e, portanto, $\sigma_n \to 0$. ∎

LEMA 3.9
Seja F_n uma sequência de λ-contrações de um espaço métrico completo (Y, d). Se para todo $y \in Y$ a sequência $F_n(y)$ converge para $F_\omega(y)$, F_ω também é uma

λ-contração. Denotemos por y_ω seu único ponto fixo atrator. Então para todo $y_0 \in Y$, a sequência $\{y_n\}$ definida por

$$y_1 = F_1(y_0), \ y_2 = F_2(y_1), \dots, \ y_n = F_n(y_{n-1})$$

converge para y_ω, quando $n \to \infty$.

DEMONSTRAÇÃO

Temos $y_n = F_n \circ F_{n-1} \circ \cdots \circ F_1(y_0)$ e

$$\begin{aligned}
d(y_n, y_\omega) &\le d(F_n \circ \cdots \circ F_1(y_0), F_n \circ \cdots \circ F_1(y_\omega)) + d(F_n \circ \cdots \circ F_1(y_\omega), y_\omega) \\
&\le \lambda d(F_{n-1} \circ \cdots \circ F_1(y_0), F_{n-1} \circ \cdots \circ F_1(y_\omega)) \\
&\quad + d(F_n \circ \cdots \circ F_1(y_\omega), F_n(y_\omega)) + d(F_n(y_\omega), y_\omega) \\
&\le \lambda^n d(y_0, y_\omega) + \lambda d(F_{n-1} \circ \cdots \circ F_1(y_\omega), y_\omega) + d(F_n(y_\omega), y_\omega) \\
&\le \lambda^n d(y_0, y_\omega) + d(F_n(y_\omega), y_\omega) + \lambda d(F_{n-1}(y_\omega), y_\omega) \\
&\quad + \lambda^2 d(F_{n-2}(y_\omega), y_\omega) + \cdots + \lambda^{n-1} d(F_1(y_\omega), y_\omega) \\
&= \lambda^n d(y_0, y_\omega) + \sum_{i=0}^{n-1} \lambda^i d(F_{n-i}(y_\omega), y_\omega).
\end{aligned}$$

O primeiro termo desta última parcela tende para 0, pois $0 < \lambda < 1$; o segundo termo também tende para 0, pelo Lema 3.8, aplicado a $c_n = d(F_n(y_\omega), y_\omega)$. Observe que $c_n \to 0$. Pois por hipótese $F_n(y_\omega) \to y_\omega$. Consequentemente,

$$d(y_n, y_\omega) \to 0, \quad n \to \infty. \qquad \blacksquare$$

DEMONSTRAÇÃO DO TEOREMA 3.7

Seja $\hat{x}_0 = (x_0, \dot{x}_0)$ e $x_n = F^n(x_0)$, temos

$$\hat{F}^n(\hat{x}_0) = (x_n, \dot{F}_{x_{n-1}} \circ \cdots \circ \dot{F}_{x_0}(\dot{x}_0)).$$

Logo, fazendo $F_n = \dot{F}_{x_{n-1}}$, resulta pelo Lema 3.9 que $\hat{F}^n(\hat{x}_0) \to (p, \dot{p})$. $\qquad \blacksquare$

TEOREMA 3.10 Teorema local de diferenciabilidade, [21]

Seja f uma aplicação de classe C^1 definida num aberto $\Delta \subseteq \mathbb{R}^n$. Para todo ponto $x_0 \in \Delta$ existem números positivos α, β e uma única aplicação φ de classe C^1 em

$$I_\alpha \times B_\beta = \{(t, x); |t| < \alpha, |x - x_0| < \beta\}$$

com valores em Δ tal que

$$D_1 \varphi(t, x) = \frac{\partial \varphi}{\partial t}(t, x) = f(\varphi(t, x)), \ \varphi(0, x) = x, \ e \qquad (*)$$

96   EQUAÇÕES DIFERENCIAIS ORDINÁRIAS — *Jorge Sotomayor*

$$D_1 D_2 \varphi(t,x) = Df(\varphi(t,x))D_2\varphi(t,x), \quad D_2\varphi(t,x)|_{t=0} = E \qquad (*)'$$

para todo $(t,x) \in I_\alpha \times B_\beta$.

DEMONSTRAÇÃO

Seja $b > 0$ tal que $\overline{B}_b = \{x; |x - x_0| \le b\} \subseteq \Delta$ e sejam $m = \sup\{|f(x)|, \ x \in \overline{B}_b\}$, $\ell = \sup\{\|Df(x)\|, \ x \in \overline{B}_b\}$, onde $\|Df(x)\| = \sup\{|Df(x)v|, |v| = 1\}$. Tomamos α e β tais que $\alpha m + \beta < b$ e $\lambda = \ell\alpha < 1$.

Seja X o espaço de aplicações contínuas de $I_\alpha \times B_\beta$ em $\overline{B}_b$, munido da métrica

$$d(\varphi,\psi) = \sup\{|\varphi(t,x) - \psi(t,x)|, \ (t,x) \in I_\alpha \times B_\beta\}.$$

Para $\varphi \in X$, definimos $F(\varphi)(t,x) = x + \int_0^t f(\varphi(s,x))ds$, a condição $\alpha m + \beta < b$ implica que F toma valores em X e, assim, $F : X \to X$ está bem definida. Será visto abaixo que $\lambda = \ell\alpha < 1$ implica que F é uma contração.

Denotemos por $\mathscr{L}$ o espaço de aplicações lineares de $\mathbb{R}^n$ em $\mathbb{R}^n$ com a norma $\|L\| = \sup\{|Lx|; |x| = 1\}$. Seja $\dot{X}$ o espaço de aplicações contínuas e limitadas de $I_\alpha \times B_\beta$ em $\mathscr{L}$ munido da métrica

$$\dot{d}(\dot{\varphi},\dot{\psi}) = \sup\{\|\dot{\varphi}(t,x) - \dot{\psi}(t,x)\|, \ (t,x) \in I_\alpha \times B_\beta\}.$$

Definimos $\dot{F} : X \times \dot{X} \to \dot{X}$ por $\dot{F}(\varphi,\dot{\varphi})(t,x) = E + \int_0^t Df(\varphi(s,x)) \cdot \dot{\varphi}(s,x)ds$, onde E denota a identidade em $\mathscr{L}$.

A aplicação $\hat{F} = (F, \dot{F})$ satisfaz as hipóteses do Teorema 3.7. De fato:

(a) F é uma λ-contração:

$$d(F(\varphi), F(\psi)) = \sup\left|\int_0^t [f(\varphi(s,x)) - f(\psi(s,x))]ds\right|$$

$$\le \sup\left|\int_0^t \ell|\varphi(s,x) - \psi(s,x)|ds\right| \le \alpha\ell\, d(\varphi,\psi) = \lambda d(\varphi,\psi).$$

Portanto, F tem um único ponto fixo atrator $\varphi \in X$.

(b) É imediata, por ser Df uniformemente contínua em $\overline{B}_b$.

(c) $\dot{d}(\dot{F}_\varphi(\dot{\varphi}), \dot{F}_\varphi(\dot{\psi})) = \sup\left\|\int_0^t Df(\varphi(s,x))[\dot{\varphi}(s,x) - \dot{\psi}(s,x)]ds\right\| \le \lambda\dot{d}(\dot{\varphi},\dot{\psi}).$

O ponto fixo atrator de $\hat{F}$ é da forma $\hat{\varphi} = (\varphi, \dot{\varphi})$, onde $F(\varphi) = \varphi$. Donde resulta, derivando com respeito a t, que $(*)$ é satisfeita; φ é única, por ser único o ponto fixo de F, e contínua em $I_\alpha \times B_\beta$, por ser elemento de X.

Obviamente $D_1\varphi = f \circ \varphi$ é contínua. Provaremos a seguir que φ é de classe C^1 com respeito a x e que $D_2\varphi = \dot{\varphi}$. Disto resultará que φ é de classe C^1 em $I_\alpha \times B_\beta$.

De fato, seja $\hat{\varphi}_n = (\varphi_n, \dot{\varphi}_n) = \hat{F}^n(\hat{\varphi}_0)$, onde $\varphi_0(t,x) = x$ e $\dot{\varphi}_0(t,x) = E$. Claramente $\varphi_n \to \varphi$ e $\dot{\varphi}_n \to \dot{\varphi}$ uniformemente em $I_\alpha \times B_\beta$. Mais ainda, toda φ_n é de classe C^1 e $D_2\varphi_n = \dot{\varphi}_n$, para todo n, como se verifica por indução. Portanto, por ser $\dot{\varphi}_n = D_2\varphi_n$ contínua, pois pertence a $\dot{X}$, temos que $D_2\varphi$ existe e é igual a $\dot{\varphi}$, que é contínua em $I_\alpha \times B_\beta$. Usamos aqui o teorema de *intercâmbio da ordem entre as operações de limite uniforme e diferenciação;* ver [16].

A igualdade $(*)'$ decorre imediatamente por derivação da relação

$$D_2\varphi(t,x) = \dot{F}(\varphi, D_2\varphi(t,x)) = E + \int_0^t Df(\varphi(s,x))D_2\varphi(s,x)\mathrm{d}s. \qquad \blacksquare$$

Teorema 3.11 Teorema global de diferenciabilidade

Seja f um campo vetorial de classe C^k, $k \geq 1$, num aberto $\Delta \subseteq \mathbb{R}^n$.

(a) Para cada ponto $x \in \Delta$ existe um intervalo aberto I_x, onde está definida uma única curva integral máxima $\varphi_x : I_x \to \Delta$, do campo passando por x; i. e., φ_x satisfaz em I_x a equação $\frac{\mathrm{d}y}{\mathrm{d}t} = f(y)$, $y(0) = x$.

(b) Se $y = \varphi_x(s)$, $s \in I_x$, então

$$I_y = I_x - s = \{\tau - s; \ \tau \in I_x\}$$

e $\varphi_y(t) = \varphi_x(t+s)$, para todo $t \in I_y$.

(c) O conjunto $D = \{(t,x); \ x \in \Delta, \ t \in I_x\}$ é aberto em $\mathbb{R}^{n+1}$ e a aplicação $\varphi : D \to \mathbb{R}^n$, definida por $\varphi(t,x) = \varphi_x(t)$ é de classe C^k.

A menos de notação, este é o mesmo enunciado do Teorema 3.1. A sua demonstração é dividida em três partes.

Proposição 3.12

Seja f um campo vetorial C^1 em um aberto Δ de $\mathbb{R}^n$. Dado $x \in \Delta$, seja $I_x = \cup I_\psi$, onde $\psi : I_\psi \to \Delta$ percorre o conjunto das soluções de $x' = f(x)$, $x(0) = x$. Então

(a) $\varphi_x : I_x \to \Delta$ definida por $\varphi_x(t) = \psi(t)$ se $t \in I_\psi$ é a única curva integral máxima de f por x;

(b) se $s \in I_x$ e $y = \varphi_x(s)$, então $I_y = I_x - s = \{\tau - s; \ \tau \in I_x\}$ e para todo $t \in I_y$ tem-se $\varphi_y(t) = \varphi_x(t+s)$.

Demonstração

(a) É suficiente verificar que φ_x está bem definida. Isto é, se ψ_1 e ψ_2 são soluções do problema de Cauchy $x' = f(x)$, $x(0) = x$, então $\psi_1 = \psi_2$ no intervalo $(a,b) = I_{\psi_1} \cap I_{\psi_2}$. De fato, seja $A = \{t \in (a,b); \psi_1(t) = \psi_2(t)\}$. É claro que A é fechado em (a,b) e não vazio. Vamos provar que A é aberto. Sejam $t' \in A$ e $y = \psi_1(t') = \psi_2(t')$. Então, pelo Teorema 3.10, existe uma única curva integral ψ do problema de Cauchy $x' = f(x)$, $x(0) = y$, definida em um certo intervalo aberto I. Notemos que $\tilde{\psi}_1(s) = \psi_1(t' + s)$ é também uma solução de $x' = f(x)$, $x(0) = y$. De fato, $\frac{d}{ds}\tilde{\psi}_1(s) = \frac{d}{ds}\psi_1(t' + s) = f(\psi_1(t' + s)) = f(\tilde{\psi}_1(s))$. Portanto, por unicidade, $\psi_1 = \psi$ em $(a,b) \cap (I + t')$. Do mesmo modo $\tilde{\psi}_2(s) = \psi_2(t' + s)$ coincide com ψ em $(a,b) \cap (I + t')$. Logo, $\psi_1 = \psi_2$ em $(a,b) \cap (I + t')$ e isto prova que A é aberto. Por conexidade, $A = (a,b)$.

(b) Temos $\varphi_y(s) = \varphi_x(t + s)$; logo, $\varphi_y(s)$ está definida para $s \in I_x - t$, donde $I_x - t \subseteq I_y$. Por outro lado, $\varphi_y(-t) = x$ e $\varphi_x(s) = \varphi_y(-t + s)$, donde $\varphi_x(s)$ está definida para todo $s \in I_y + t$. Logo, $I_y + t \subseteq I_x$ e daí $I_y \subseteq I_x - t$. Fica provado que $I_y = I_x - t$. ∎

Proposição 3.13

Seja f um campo vetorial de classe C^1 em um aberto Δ de $\mathbb{R}^n$. Então $D = \{(t,x); x \in \Delta$ e $t \in I_x\}$ é aberto em $\mathbb{R}^{n+1}$. Ainda, $\varphi(t,x) = \varphi_x(t)$ é uma aplicação de classe C^1 em D e

$$D_1 D_2 \varphi(t,x) = Df(\varphi(t,x))D_2\varphi(t,x), \qquad D_2\varphi(t,x)|_{t=0} = E \qquad (*)$$

para todo $(t,x) \in D$. I_x é o intervalo maximal da solução φ_x do problema de Cauchy $x' = f(x)$, $x(0) = x$.

Demonstração

Seja C o conjunto dos pontos $t \in I_{x_0}$, $t > 0$, tais que existe uma vizinhança B_t de x_0 tal que $[0,t] \times B_t \subseteq D$ e φ é de classe C^1 e satisfaz $(*)$ em $(0,t) \times B_t$. Pelo Teorema 3.10, $C \neq \emptyset$. Seja s o supremo de C. Provaremos que s é o extremo superior de I_x. De fato, se for $s \in I_x$, seja $x_1 = \varphi(s, x_0)$. Pelo Teorema 3.10, existe $I \times B$, vizinhança de $(0, x_1)$, na qual φ satisfaz $(*)$. Sejam d o comprimento do intervalo I, u tal que $u < s$ e $s - u < d/2$ e $\tilde{B}$ uma vizinhança de x_0 tal que $\varphi(u, y) \in B$ para todo $y \in \tilde{B}$. Se $y \in \tilde{B}$ e $t \in [0, u + d/2]$ temos pela Proposição 3.12 que $\varphi(t, y) = \varphi(t - u, \varphi(u, y))$. Portanto, φ é de classe C^1 em $(0, u + d/2) \times \tilde{B}$. Vamos verificar que φ satisfaz $(*)$ neste conjunto. A partir de $\varphi(t,x) = \varphi(t - u, \varphi(u,x))$, temos que

$$D_2\varphi(t,x) = [D_2\varphi(t - u, \varphi(u,x))]D_2\varphi(u,x).$$

Portanto, derivando com respeito a t e usando o fato de que $t - u \in C$, temos

$$D_1 D_2 \varphi(t, x) = [D_1 D_2 \varphi(t - u, \varphi(u, x))] D_2 \varphi(u, x)$$
$$= [Df(\varphi(t, x)) D_2 \varphi(t - u, \varphi(u, x))] D_2 \varphi(u, x)$$
$$= Df(\varphi(t, x)) D_2 \varphi(t, x).$$

Portanto, $u + d/2 \in C$ é maior do que s, o que é uma contradição. Logo, $s = \sup I_x$. Tomando agora pontos $t \in I_{x_0}$, $t < 0$, conclui-se a demonstração. ∎

DEMONSTRAÇÃO DO TEOREMA 3.11

Procedemos por indução em k. A Proposição 3.13 prova o caso $k = 1$. Supomos válido o teorema para $k - 1$. Consideremos o campo $F = (f, Df)$, que é de classe C^{k-1} em $\Delta \times \mathbb{R}^{n^2}$, definido por $F(x, L) = (f(x), Df(x)L)$, onde L é uma matriz $n \times n$ identificada canonicamente com uma aplicação linear de $\mathscr{L}$ ou com um ponto de $\mathbb{R}^{n^2}$. Pela Proposição 3.13 e a hipótese de indução aplicada a F, temos que o seu fluxo $\Phi(t, y, Y) = (\varphi(t, y), D_2 \varphi(t, y) \cdot Y)$ é de classe C^{k-1} em $D' = D \times \mathbb{R}^{n^2}$. Portanto, $D_2 \varphi$ é de classe C^{k-1} em D. Também $D_1 \varphi = f \circ \varphi$ é de classe C^{k-1}, pois f é C^k e φ é C^{k-1}. Logo, φ é de classe C^k em D. Isto termina a demonstração do Teorema 3.11. ∎

3. Retrato de fase de um campo vetorial

DEFINIÇÃO 3.14

O conjunto $\gamma_p = \{\varphi(t, p);\ t \in I_p\}$, isto é, a imagem da curva integral de X pelo ponto p, chama-se *órbita de X pelo ponto p.*

Observe que $q \in \gamma_p \Leftrightarrow \gamma_q = \gamma_p$. De fato, se $q \in \gamma_p$, $q = \varphi(t_1, p)$ e $\varphi(t, q) = \varphi(t + t_1, p)$ e $I_p - t_1 = I_q$.

Em outros termos, duas órbitas de X coincidem ou são disjuntas. Isto é, Δ fica decomposto numa união disjunta de curvas diferenciáveis, podendo cada uma ser

(a) imagem biunívoca de um intervalo de $\mathbb{R}$,

(b) um ponto, ou

(c) difeomorfa a um círculo,

correspondendo cada caso a uma das alternativas do Teorema 3.15 a seguir.

No caso (b) $p = \gamma_p$; a órbita chama-se *ponto singular*; no caso (c) a órbita chama-se *fechada* ou *periódica.*

100 EQUAÇÕES DIFERENCIAIS ORDINÁRIAS — *Jorge Sotomayor*

TEOREMA 3.15

Se φ_x é uma solução máxima de (3.1) ou (3.2) em I_x, verifica-se uma única das seguintes alternativas:

(a) φ_x é 1 – 1, i.e, φ_x é injetiva;

(b) $I_x = \mathbb{R}$ e φ_x é constante;

(c) $I_x = \mathbb{R}$ e φ_x é periódica, isto é, existe $\tau > 0$ tal que $\varphi_x(t + \tau) = \varphi_x(t)$ para todo $t \in \mathbb{R}$ e $\varphi_x(t_1) \neq \varphi_x(t_2)$ se $|t_1 - t_2| < \tau$.

DEMONSTRAÇÃO

Se φ_x não é biunívoca, $\varphi_x(t_1) = \varphi_x(t_2)$ para algum $t_1 \neq t_2$. Logo, pelo Corolário 3.6 da seção 1, $I = \mathbb{R}$ e $\varphi_x(t + c) = \varphi_x(t)$ para todo $t \in \mathbb{R}$ e $c = t_2 - t_1 \neq 0$.

Provaremos que o conjunto

$$C = \{c \in \mathbb{R};\ \varphi_x(t + c) = \varphi_x(t) \text{ para todo } t \in \mathbb{R}\}$$

é um subgrupo aditivo de $\mathbb{R}$ que também é um subconjunto fechado de $\mathbb{R}$. De fato, se $c, d \in C$, então $c + d, -c \in C$, pois $\varphi_x(t + c + d) = \varphi_x(t + c) = \varphi_x(t)$ e $\varphi_x(t - c) = \varphi_x(t - c + c) = \varphi_x(t)$ e, portanto, C é um subgrupo aditivo de $\mathbb{R}$.

Por outro lado, se $c_n \in C$ e $c_n \to c$ temos que $c \in C$, pois

$$\varphi_x(t + c) = \varphi_x\left(t + \lim_{n \to \infty} c_n\right) = \varphi_x\left(\lim_{n \to \infty}(t + c_n)\right)$$

$$= \lim_{n \to \infty} \varphi_x(t + c_n) = \lim_{n \to \infty} \varphi_x(t) = \varphi(t).$$

Como demonstraremos no lema seguinte, todo subgrupo aditivo C de $\mathbb{R}$ é descrito na forma $\tau\mathbb{Z}$, $\tau \geq 0$ ou então C é denso em $\mathbb{R}$. Aqui $\mathbb{Z}$ denota o subgrupo aditivo dos números inteiros.

Por ser $C \neq \{0\}$ e fechado, segue que $C = \mathbb{R}$ ou $C = \tau\mathbb{Z}$, $\tau > 0$. Cada uma destas alternativas corresponde, respectivamente, aos casos (b) e (c) do enunciado. ∎

LEMA 3.16

Todo subgrupo aditivo $C \neq \{0\}$ de $\mathbb{R}$ é da forma $C = \tau\mathbb{Z}$, onde $\tau > 0$, ou C é denso em $\mathbb{R}$.

DEMONSTRAÇÃO

Supor que $C \neq \{0\}$. Então $C \cap \mathbb{R}_+ \neq \emptyset$, onde $\mathbb{R}_+$ denota os reais positivos, pois existe $c \in C$, $c \neq 0$, o que implica que c ou $-c$ está em $C \cap \mathbb{R}_+$.

Seja $\tau = \inf[C \cap \mathbb{R}_+]$. Se $\tau > 0$, $C = \tau\mathbb{Z}$, pois se $c \in C - \tau\mathbb{Z}$, existe um único $K \in \mathbb{Z}$ tal que $K\tau < c < (K + 1)\tau$ e, portanto, $0 < c - K\tau < \tau$ e $c - K\tau \in C \cap \mathbb{R}_+$. Contradição com $\tau = \inf[C \cap \mathbb{R}_+]$.

Se $\tau = 0$, verificamos que C é denso em $\mathbb{R}$. De fato, dado $\varepsilon > 0$ e $t \in \mathbb{R}$, existe $c \in C$ tal que $|c - t| < \varepsilon$. Para ver isto é suficiente tomar $c_0 \in C \cap \mathbb{R}_+$ tal que $0 < c_0 < \varepsilon$. Todo número real t dista menos de ε de um ponto $c_0 Z \subseteq C$, pois este conjunto divide $\mathbb{R}$ em intervalos de comprimentos $c_0 < \varepsilon$, com extremos nele. ■

Definição 3.17

O conjunto aberto Δ, munido da decomposição em órbitas de X, chama-se *retrato de fase* de X. As órbitas são orientadas no sentido das curvas integrais do campo X; os pontos singulares são munidos da orientação trivial.

Exemplos 3.18

(a) Descrevamos o retrato de fase de um campo X de classe C^k, $k \geq 1$, em $\mathbb{R}$, onde X tem um número finito de pontos singulares. Sejam $a_1 < a_2 < \cdots < a_n$ esses pontos e façamos $a_0 = -\infty$ e $a_{n+1} = \infty$.

Em cada intervalo (a_i, a_{i+1}), $i = 0, \ldots, n$, X tem sinal constante. Fixemos um intervalo (a_i, a_{i+1}) no qual X é positivo. Então, se $x \in (a_i, a_{i+1})$ temos que $\varphi(t, x)$ é estritamente crescente no seu intervalo máximo $I_x = (\omega_-(x), \omega_+(x))$.

Além disso, podemos afirmar que

(i) quando $t \to \omega_-(x)$, $\varphi(t, x) \to a_i$ e quando $t \to \omega_+(x)$, $\varphi(t, x) \to a_{i+1}$.

Pois se $\varphi(t, x) \to b > a_i$ quando $t \to \omega_-(x)$, como $\varphi(t, b)$ é estritamente crescente segue-se que as órbitas γ_x e γ_b interceptam-se; em consequência, $\gamma_x = \gamma_b$, o que é uma contradição. Isto mostra que $\varphi(t, x) \to a_i$ se $t \to \omega_-(x)$. Da mesma forma vê-se que $\varphi(t, x) \to a_{i+1}$ se $t \to \omega_+(x)$.

(ii) se $i \geq 1$, temos que $\omega_-(x) = -\infty$.

Pois, para todo $t \in I_x$ temos $\varphi(t, x) > a_i > -\infty$ e isto implica, devido à Proposição 3.4, que $\omega_-(x) = -\infty$.

(iii) se $i < n$, temos que $\omega_+(x) = \infty$.

A prova é idêntica à de (ii). O leitor deve formular e provar o caso em que X é negativo no intervalo (a_i, a_{i+1}). Ver Figura 3.3.

(b) Sistemas bidimensionais simples e sistemas hiperbólicos: ver os retratos de fase nas seções 4 e 6.

(c) Sejam $X = (X_1, X_2)$ e $\Delta = \mathbb{R}^2$, onde $X_1 = x$ e $X_2 = -y + x^3$. O fluxo de X é dado por

$$\varphi(t, (a, b)) = \left(a e^t, \left(b - \frac{a^3}{4} \right) e^{-t} + \frac{a^3}{4} e^{3t} \right),$$

onde $t \in \mathbb{R}$ e $(a, b) \in \mathbb{R}^2$.

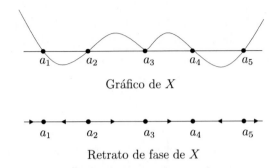

Fig. 3.3 *Retrato de fase em* $\mathbb{R}$

Seja $\psi(t,p)$ o fluxo da "sela" $Y = (x, -y)$. O leitor deve verificar que $h : (x, y) \to \left(x, y + \frac{x^3}{4}\right)$ satisfaz $h(\psi(t,p)) = \varphi(t, h(p))$.

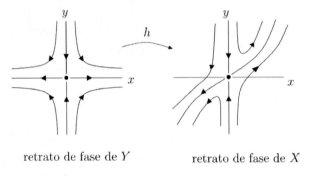

Fig. 3.4 *Conjugação de duas selas, sendo uma não linear*

4. Equivalência e conjugação de campos vetoriais

Introduzimos a seguir várias noções de equivalência entre dois campos vetoriais, as quais permitem comparar seus retratos de fase.

Definição 3.19

Sejam X_1, X_2 campos vetoriais definidos nos abertos de $\mathbb{R}^n$, Δ_1, Δ_2, respectivamente. Diz-se que X_1 é *topologicamente equivalente* (resp. C^r-*equivalente*) a X_2 quando existe um homeomorfismo (resp. um difeomorfismo de classe C^r) $h : \Delta_1 \to \Delta_2$ que leva órbita de X_1 em órbita de X_2 preservando a orientação. Mais precisamente, sejam $p \in \Delta_1$ e $\gamma^1(p)$ a órbita orientada de X_1 passando por p; então $h(\gamma^1(p))$ é a órbita orientada $\gamma^2(h(p))$ de X_2 passando por $h(p)$.

Observe que esta definição estabelece uma relação de equivalência entre campos definidos em abertos de $\mathbb{R}^n$. O homeomorfismo h chama-se equivalência topológica (resp. diferenciável) entre X_1 e X_2.

Definição 3.20

Sejam $\varphi_1 : D_1 \to \mathbb{R}^n$ e $\varphi_2 : D_2 \to \mathbb{R}^n$ os fluxos gerados pelos campos $X_1 : \Delta_1 \to \mathbb{R}^n$ e $X_2 : \Delta_2 \to \mathbb{R}^n$ respectivamente. Diz-se que X_1 é *topologicamente conjugado* (resp. C^r-conjugado) a X_2 quando existe um homeomorfismo (resp. um difeomorfismo de classe C^r) $h : \Delta_1 \to \Delta_2$ tal que $h(\varphi_1(t,x)) = \varphi_2(t, h(x))$ para todo $(t, x) \in D_1$.

Neste caso, tem-se necessariamente $I_1(x) = I_2(h(x))$, onde $I_1(x)$ e $I_2(h(x))$ denotam os intervalos máximos das respectivas soluções máximas. O homeomorfismo h chama-se conjugação topológica (resp. C^r-conjugação) entre X_1 e X_2.

Observação 3.21

Esta definição estende a campos vetoriais quaisquer os conceitos de conjugação topológica e diferenciável definidos no Capítulo 2 para campos lineares. A relação de conjugação é também uma relação de equivalência entre campos definidos em abertos de $\mathbb{R}^n$. É claro que toda conjugação é uma equivalência. Uma equivalência h entre X_1 e X_2 leva ponto singular em ponto singular e órbita periódica em órbita periódica. Se h for uma conjugação, o período das órbitas periódicas também é preservado.

Exemplo 3.22

(a) $h : \mathbb{R}^2 \to \mathbb{R}^2$ definida por $h(x, y) = \left(x, y + \frac{x^3}{4}\right)$ é uma C^r-conjugação entre $X(x, y) = (x, -y)$ e $Y(x, y) = (x, -y + x^3)$. De fato, $Dh(x, y)X(x, y) = Y(h(x, y))$. Veja o exemplo 3.18 (c).

(b) Sejam $A = \begin{pmatrix} 0 & a \\ -a & 0 \end{pmatrix}$ e $B = \begin{pmatrix} 0 & b \\ -b & 0 \end{pmatrix}$ matrizes de $\mathbb{R}^2$ com $a > 0$ e $b > 0$. Os sistemas $x' = Ax$ e $x' = Bx$ definem centros cujas órbitas periódicas têm período $2\pi/a$ e $2\pi/b$, respectivamente. Se $a \neq b$, estes sistemas não são conjugados. Por outro lado, $h = $ identidade de $\mathbb{R}^2$ é uma C^r-equivalência.

O lema seguinte fornece uma caracterização para a conjugação diferenciável.

Lema 3.23

Sejam $X_1 : \Delta_1 \to \mathbb{R}^n$ e $X_2 : \Delta_2 \to \mathbb{R}^n$ campos C^k e $h : \Delta_1 \to \Delta_2$ um difeomorfismo de classe C^r. Então h é uma conjugação entre X_1 e X_2 se, e somente se,

$$Dh(p)X_1(p) = X_2(h(p)), \quad \forall p \in \Delta_1. \tag{$*$}$$

Demonstração

Sejam $\varphi_1 : D_1 \to \Delta_1$ e $\varphi_2 : D_2 \to \Delta_2$ os fluxos de X_1 e X_2, respectivamente. Suponhamos que h satisfaz $(*)$. Dado $p \in \Delta_1$, seja $\psi(t) = h(\varphi_1(t, p))$, $t \in I_1(p)$. Então ψ é solução do problema de Cauchy $x' = X_2(x)$, $x(0) = h(p)$, pois

$$\psi'(t) = Dh(\varphi_1(t,p)) \cdot \frac{d}{dt}\varphi_1(t,p) = Dh(\varphi_1(t,p))X_1(\varphi_1(t,p))$$
$$= X_2(h(\varphi_1(t,p))) = X_2(\psi(t)).$$

Portanto, $h(\varphi_1(t,p)) = \varphi_2(t,h(p))$.

Reciprocamente, suponhamos que h seja uma C^r–conjugação. Dado $p \in \Delta_1$, tem-se $h(\varphi_1(t,p)) = \varphi_2(t,h(p))$, $t \in I_1(p)$, intervalo contendo 0. Derivando esta relação com respeito a t em $t = 0$, obtém-se (∗). ∎

Definição 3.24

Sejam $X : \Delta \to \mathbb{R}^n$ um campo de classe C^k, $k \geq 1$, $\Delta \subseteq \mathbb{R}^n$ aberto e $A \subseteq \mathbb{R}^{n-1}$ um aberto. Uma aplicação diferenciável $f : A \to \Delta$ de classe C^r chama-se *seção transversal local* de X (de classe C^r) quando, para todo $a \in A$, $Df(a)(\mathbb{R}^{n-1})$ e $X(f(a))$ geram o espaço $\mathbb{R}^n$. Seja $\Sigma = f(A)$ munido da topologia induzida. Se $f : A \to \Sigma$ for um homeomorfismo, diz-se que Σ é uma *seção transversal de X*.

Observação 3.25

Sejam $p \in \Delta$ não singular e $\{v_1, \cdots, v_{n-1}, X(p)\}$ uma base de $\mathbb{R}^n$. Seja $B(0,\delta)$ uma bola de $\mathbb{R}^{n-1}$ com centro na origem e raio $\delta > 0$. Para δ suficientemente pequeno, $f : B(0,\delta) \to \Delta$ dada por $f(x_1,\ldots,x_{n-1}) = p + \sum_{i=1}^{n-1} x_i v_i$ é uma seção transversal local de X em p.

Teorema 3.26 Teorema do fluxo tubular

Seja p um ponto não singular de $X : \Delta \to \mathbb{R}^n$ de classe C^k e $f : A \to \Sigma$ uma seção transversal local de X de classe C^k com $f(0) = p$. Então existe uma vizinhança V de p em Δ e um difeomorfismo $h : V \to (-\varepsilon,\varepsilon) \times B$ de classe C^k, onde $\varepsilon > 0$ e B é uma bola aberta em $\mathbb{R}^{n-1}$ de centro na origem $0 = f^{-1}(p)$ tal que

(a) $h(\Sigma \cap V) = \{0\} \times B$;

(b) h é uma C^k-conjugação entre $X|V$ e o campo constante $Y : (-\varepsilon,\varepsilon) \times B \to \mathbb{R}^n$, $Y = (1,0,0,\ldots,0) \in \mathbb{R}^n$.

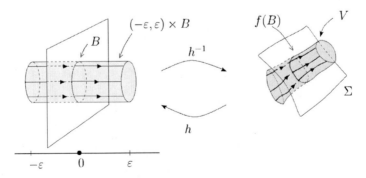

Fig. 3.5 Fluxo Tubular

Demonstração

Seja $\varphi : D \to \Delta$ o fluxo de X. Seja $F : D_A = \{(t,u); (t,f(u)) \in D\} \to \Delta$ definida por $F(t,u) = \varphi(t,f(u))$. F aplica linhas paralelas ao eixo t em curvas integrais de X. Vamos mostrar que F é um difeomorfismo local em $0 = (0,0) \in \mathbb{R} \times \mathbb{R}^{n-1}$. Pelo Teorema da Função Inversa, é suficiente provar que $DF(0)$ é um isomorfismo.

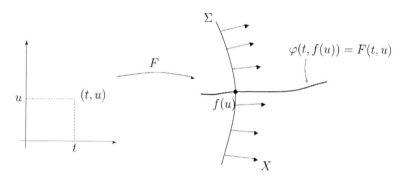

Fig. 3.6 *Prova do Teorema 3.26*

Temos

$$D_1 F(0) = \frac{d}{dt}\varphi(t,f(0))\bigg|_{t=0} = X(\varphi(0,p)) = X(p)$$

e $D_j F(0) = D_{j-1} f(\overline{0})$ para todo $j = 2, \ldots, n$, pois $\varphi(0, f(u)) = f(u)$, $\forall u \in A$. Portanto, os vetores $D_j F(0)$, $j = 1, \ldots, n$, geram $\mathbb{R}^n$ e $DF(0)$ é um isomorfismo.

Pelo Teorema da Função Inversa, existem $\varepsilon > 0$ e uma bola B em $\mathbb{R}^{n-1}$ com centro na origem 0 tais que $F|(-\varepsilon,\varepsilon) \times B$ é um difeomorfismo sobre o aberto $V = F((-\varepsilon,\varepsilon) \times B)$. Seja $h = (F|(-\varepsilon,\varepsilon) \times B)^{-1}$. Então $h(\Sigma \cap V) = \{0\} \times B$, pois $F(0,u) = f(u)$, $\forall u \in B$. Isto prova (a). Por outro lado, h^{-1} conjuga Y e X:

$$Dh^{-1}(t,u) \cdot Y(t,u) = DF(t,u) \cdot (1,0,\ldots,0) = D_1 F(t,u)$$
$$= X(\varphi(t,f(u)) = X(F(t,u)) = X(h^{-1}(t,u)),$$

para todo $(t,u) \in (-\varepsilon,\varepsilon) \times B$. Isto termina a demonstração. ∎

Corolário 3.27

Seja Σ uma seção transversal de X. Para todo ponto $p \in \Sigma$ existem $\varepsilon = \varepsilon(p) > 0$, uma vizinhança V de p em $\mathbb{R}^n$ e uma função $\tau : V \to \mathbb{R}$ de classe C^k tais que $\tau(V \cap \Sigma) = 0$ e

(a) para todo $q \in V$, a curva integral $\varphi(t,q)$ de $X|V$ é definida e biunívoca em $J_q = (-\varepsilon + \tau(q), \varepsilon + \tau(q))$;

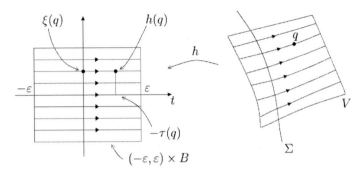

Fig. 3.7 Prova do Corolário 3.27

(b) $\xi(q) = \varphi(\tau(q), q) \in \Sigma$ é o único ponto onde $\varphi(\cdot, q)|J_q$ intercepta a seção Σ. Em particular, $q \in \Sigma \cap V$ se e só se $\tau(q) = 0$;

(c) $\xi : V \to \Sigma$ é de classe C^k e $D\xi(q)$ é sobrejetiva para todo $q \in V$. Mais ainda, $D\xi(q) \cdot v = 0$ se e só se v é colinear com $X(q)$, i. e., $v = \alpha X(q)$ para algum $\alpha \in \mathbb{R}$.

DEMONSTRAÇÃO

Sejam h, V e ε como no Teorema 3.26. Ponhamos $h = (-\tau, \xi)$. O campo Y daquele teorema satisfaz a todas as afirmações acima. Como h é uma C^k-conjugação, conclui-se que X também satisfaz estas afirmações. ■

OBSERVAÇÃO 3.28

Gostaríamos de enfatizar o caráter local do Teorema 3.26. Nem todo campo sem singularidades no plano admite um homeomorfismo que trivialize suas órbitas. Um exemplo é dado na Figura 3.8, ilustrando o chamado Fluxo de Reeb. Verifique que $X = (e^y(x^2-1), -2xe^y)$, o Hamiltoniano de $f(x, y) = e^y(x^2-1)$, tem este retrato de fase.

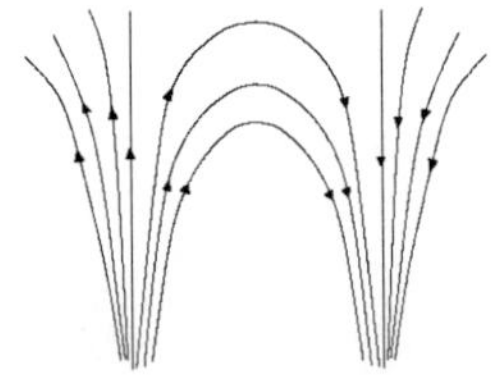

Fig. 3.8 Fluxo de Reeb

5. Estrutura local dos pontos singulares hiperbólicos

Seja p um ponto regular de um campo vetorial X, de classe C^k, $k \geq 1$. Pelo teorema do fluxo tubular, sabemos que existe um difeomorfismo de classe C^k

que conjuga X,numa vizinhança de p com o campo constante $Y \equiv (1,0,\ldots,0)$. Consequentemente, dois campos X e Z são localmente C^k-conjugados em torno de pontos regulares. Por causa desta observação podemos considerar satisfatório o conhecimento qualitativo local das órbitas de um campo vetorial em torno de pontos regulares, sendo que existe apenas uma classe de conjugação diferenciável local.

Se p é um ponto singular, a situação é bem mais complexa. Mesmo nos sistemas lineares estudados no Capítulo 2 já se apresentam várias classes diferentes de conjugação diferenciável. Em $\mathbb{R}^2$ temos a sela, o centro, o nó, etc.

Nesta seção estudaremos os pontos singulares hiperbólicos. Na seguinte trataremos das órbitas periódicas.

Definição 3.29
Um ponto singular p de um campo vetorial X de classe C^k, $k \geq 1$, chama-se *hiperbólico* se todos autovalores de $DX(p)$ têm parte real diferente de zero.

Observação 3.30
É fácil ver que esta definição não depende da classe de conjugação local C^2 de X em p. Sejam X e Y campos de classe C^k, $k \geq 2$ e h uma C^2-conjugação entre X e Y em torno de uma singularidade p_0 de X; $q_0 = h(p_0)$ é uma singularidade de Y e pelo Lema 3.23 da seção 4 tem-se $Y = Dh \circ h^{-1} \cdot X \circ h^{-1}$. Daí

$$DY(q) = D^2 h(h^{-1}(q))Dh^{-1}(q)X(h^{-1}(q)) + Dh(h^{-1}(q))DX(h^{-1}(q))Dh^{-1}(q).$$

Logo,

$$DY(q_0) = Dh(p_0)DX(p_0)[Dh(p_0)]^{-1}.$$

Definição 3.31
Com a notação da Definição 3.29, o número de autovalores de $DX(p)$ que têm parte real menor do que 0 chama-se *índice de estabilidade* de X em p.

A Observação 3.30 acima mostra que é o mesmo o índice de dois campos C^2-conjugados em torno de uma singularidade hiperbólica. Entretanto, vale mais do que isto: o índice determina a classe de conjugação topológica local. Este é o conteúdo do teorema de Hartman.

Teorema 3.32 Teorema de Hartman-Grobman
Sejam $X : \Delta \rightarrow \mathbb{R}^n$ um campo vetorial de classe C^1 e p um ponto singular hiperbólico. Existem vizinhanças W de p em Δ e V de 0 em $\mathbb{R}^n$ tais que $X|W$ é topologicamente conjugado a $DX(p)|V$.

A demonstração deste teorema pode ser encontrada em [17] e [23]. Aqui limitar-nos-emos a dar sua interpretação geométrica na Figura 3.9. Os teoremas

3.32 e 2.40 permitem classificar localmente os pontos singulares hiperbólicos. Entretanto, os exercícios 16 a 19 deste capítulo tratam da determinação dos retratos de fase na vizinhança de pontos singulares em casos bidimensionais importantes, alguns não hiperbólicos.

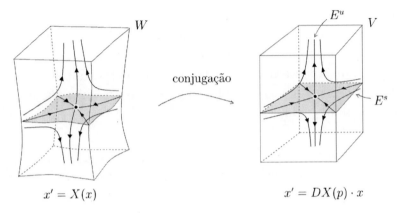

Fig. 3.9 Teorema de Hartman-Grobman

6. Estrutura local de órbitas periódicas

6.1 A Transformação de Poincaré

A transformação de Poincaré associada a uma órbita fechada γ de um campo vetorial é um difeomorfismo π que definiremos a seguir. Esta transformação descreve o comportamento do campo numa vizinhança de γ.

Seja então $\gamma = \{\varphi(t,p);\ 0 \le t \le \tau_0\}$ uma órbita periódica de período τ_0 de um campo X de classe C^k, $k \ge 1$, definido em $\Delta \subset \mathbb{R}^n$. Seja Σ uma seção transversal a X em p. Em virtude da continuidade do fluxo φ de X, para todo ponto $q \in \Sigma$ próximo de p a trajetória $\varphi(t,q)$ permanece próxima a γ, com t em um intervalo compacto pré-fixado, por exemplo, $[0, 2\tau_0]$. Define-se $\pi(q)$ como o primeiro ponto onde esta órbita, partindo de q, volta a interceptar novamente a seção Σ. Seja Σ_0 o domínio de π. Naturalmente $p \in \Sigma_0$ e $\pi(p) = p$.

Muitas propriedades do retrato de fase de X perto de γ se refletem em π e reciprocamente. Por exemplo, as órbitas periódicas de X vizinhas de γ correspondem aos pontos periódicos de π, que são pontos $q \in \Sigma_0$ para os quais $\pi^n(q) = q$ para algum inteiro $n \ge 1$. O comportamento assintótico das órbitas de X perto de γ também é descrito por π. Assim, $\lim_{n \to \infty} \pi^n(q) = p$ implica $\lim_{t \to \infty} d(\varphi(t,q), \gamma) = 0$, onde $d(\varphi(t,q), \gamma) = \inf\{|\varphi(t,q) - r|,\ r \in \gamma\}$.

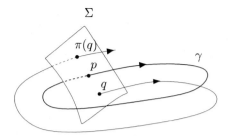

Fig. 3.10 Transformação de Poincaré

Definição 3.33

Com as notações acima, a órbita fechada γ é um *atrator periódico* (ou então γ diz-se orbitalmente estável) quando $\lim_{t \to \infty} d(\varphi(t,q), \gamma) = 0$ para todo q numa vizinhança de γ.

Observação 3.34

A seção Σ tomada acima é uma hipersuperfície ou uma subvariedade diferenciável $(n-1)$-dimensional do aberto $\Delta \subset \mathbb{R}^n$. Pode-se supor que a variedade Σ que aqui aparece é um disco de um subespaço vetorial ou afim de $\mathbb{R}^n$, sem que isto constitua uma restrição séria.

A seguir, demonstraremos que $\pi : \Sigma_0 \to \Sigma$ é um difeomorfismo de classe C^k sobre sua imagem Σ_1. Vamos usar o teorema do fluxo tubular 3.26 e seu corolário 3.27 para dar precisão à definição de π. Seja V uma vizinhança de p dada pelo Corolário 3.27. Como $\varphi(\tau_0, p) = p$, existe uma vizinhança Σ_0 de p em Σ tal que $\varphi(\tau_0, q) \in V$ para todo $q \in \Sigma_0$. Seja $\xi : V \to \Sigma$ a aplicação definida no Corolário 3.27. Pomos $\pi : \Sigma_0 \to \Sigma$, $\pi(q) = \xi(\varphi(\tau_0, q))$.

Outra expressão para π é $\pi(q) = \varphi(\tau_0 + \tau(\varphi(\tau_0, q)), q)$, onde $\tau : V \to \mathbb{R}$ é o tempo $\tau(x)$ que leva a órbita por x em V para interceptar Σ. Do Teorema das Funções Implícitas, τ é de classe C^k.

Destas expressões resulta que π é da mesma classe de diferenciabilidade que X. A inversa $\pi^{-1} : \Sigma_1 \to \Sigma_0$ de π é definida tomando-se o campo $-X$. Fica provado que π é um difeomorfismo C^k.

6.2 Ciclos limite no plano

Definição 3.35

Sejam Δ um aberto de $\mathbb{R}^2$ e $X : \Delta \to \mathbb{R}^2$ um campo vetorial de classe C^1. Uma órbita periódica γ de X chama-se *ciclo limite* se existe uma vizinhança V de γ tal que γ é a única órbita fechada de X que intercepta V.

Proposição 3.36

Com as notações da definição acima, existem apenas os seguintes tipos de ciclos limite (diminuindo V se necessário):

(a) Estável, quando $\lim_{t\to\infty} d(\varphi(t,q),\gamma) = 0$ para todo $q \in V$;

(b) Instável, quando $\lim_{t\to-\infty} d(\varphi(t,q),\gamma) = 0$ para todo $q \in V$;

(c) Semiestável, quando $\lim_{t\to\infty} d(\varphi(t,q),\gamma) = 0$ para todo $q \in V \cap \operatorname{Ext}\gamma$; e $\lim_{t\to-\infty} d(\varphi(t,q),\gamma) = 0$ para todo $q \in V \cap \operatorname{Int}\gamma$, ou o contrário.

Demonstração

Diminuindo a vizinhança V se necessário, podemos supor que ela não contém singularidades. Sejam $p \in \gamma$ e Σ uma seção transversal a X em p. Seja $\pi : \Sigma_0 \to \Sigma$ a transformação de Poincaré (veja a Figura 3.11). Suponhamos que Σ esteja ordenado, sendo o sentido positivo de $\operatorname{Ext}\gamma$ para $\operatorname{Int}\gamma$. Dado $q \in \Sigma_0 \cap \operatorname{Ext}\gamma$, temos $\pi(q) > q$ ou $\pi(q) < q$. Suponhamos $\pi(q) > q$. Considere a região A limitada por γ, pelo arco de trajetória $\widehat{q\pi(q)}$ e pelo segmento $\overline{q\pi(q)} \subset \Sigma_0$. A região A é homeomorfa a um anel e positivamente invariante, isto é, dado $x \in A$, $\varphi(t,x) \in A$ para todo $t \geq 0$. Isto segue pela unicidade de soluções e pela orientação das órbitas. Ainda, $\varphi(t,x)$ intercepta Σ numa sequência estritamente monótona de pontos x_n que converge para p. Conclui-se que $\lim_{t\to\infty} d(\varphi(t,x),\gamma) = 0$.

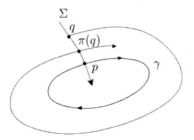

Fig. 3.11 Ciclo Limite no Plano

Se $\pi(q) < q$, considerando o campo $-X$, fica provado que $\lim_{t\to-\infty} d(\varphi(t,x),\gamma) = 0$ para todo $x \in A$.

As mesmas considerações podem ser feitas em $\operatorname{Int}\gamma$. Combinando todas as possibilidades podemos provar a proposição. ∎

Observação 3.37

Com as notações da proposição, temos que γ é um ciclo limite se e só se p é um ponto fixo isolado de π. Ainda,

(a) γ é estável se, e somente se, $|\pi(x)-p| < |x-p|$ para todo $x \neq p$ próximo de p;

(b) γ é instável se, e somente se, $|\pi(x) - p| > |x - p|$ para todo $x \neq p$ próximo de p;

(c) γ é semiestável se, e somente se, $|\pi(x) - p| < |x - p|$ para todo $x \in \Sigma \cap \mathrm{Ext}\gamma$ próximo de p e $|\pi(x) - p| > |x - p|$ para todo $x \in \Sigma \cap \mathrm{Int}\gamma$ próximo de p, ou o contrário.

Veja a Figura 3.12 para uma ilustração destes comportamentos.

Em particular, se $\pi'(p) < 1$, podemos aplicar o teorema do valor médio e concluir que γ é estável. Por outro lado, γ é instável se $\pi'(p) > 1$.

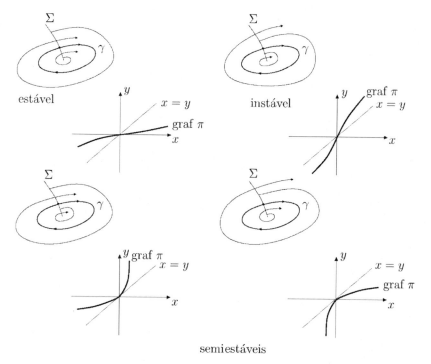

Fig. 3.12 *Comportamentos estável, instável e semiestável dos ciclos limite no plano*

6.3 Derivada da Transformação de Poincaré

O teorema abaixo estabelece uma condição suficiente para que uma órbita periódica seja um ciclo limite estável ou instável.

112 Equações Diferenciais Ordinárias — *Jorge Sotomayor*

Teorema 3.38

Sejam $\Delta \subset \mathbb{R}^2$ um aberto e $X = (X_1, X_2) : \Delta \to \mathbb{R}^2$ um campo vetorial de classe C^1. Seja γ uma órbita periódica de X de período T e $\pi : \Sigma_0 \to \Sigma$ a transformação de Poincaré numa seção transversal Σ em $p \in \gamma$. Então

$$\pi'(p) = \exp \left[\int_0^T \operatorname{div} X(\gamma(t)) \mathrm{d} t \right], \qquad (*)$$

onde $\operatorname{div} X(x) = D_1 X_1(x) + D_2 X_2(x)$. Em particular, se $\int_0^T \operatorname{div} X(\gamma(t)) \mathrm{d} t < 0$ então γ é estável e se $\int_0^T \operatorname{div} X(\gamma(t)) \mathrm{d} t > 0$, γ é instável.

Demonstração

Para cada t, ponhamos $A(t) = DX(\gamma(t))$. Seja $\phi(t)$ a matriz fundamental de $x' = A(t)x$, com $\phi(0) = E$; pela fórmula de Liouville (Proposição 2.10),

$$\det \phi(T) = \exp \left[\int_0^T \operatorname{div} X(\gamma(t)) \mathrm{d} t \right].$$

Vamos provar que $\pi'(p) = \det \phi(T)$. Seja φ o fluxo gerado por X. Pelo Teorema 3.11 temos $\phi(T) = D_2 \varphi(T, p)$. Notemos primeiro que $D_2 \varphi(T, p) \cdot X(p) = X(p)$. De fato, como $\frac{\mathrm{d}}{\mathrm{d} t} \varphi(t, p) \big|_{t=0} = X(p)$, vem

$$D_2 \varphi(T, p) \cdot X(p) = \frac{\mathrm{d}}{\mathrm{d} t} \varphi(T, \varphi(t, p)) \big|_{t=0} = \frac{\mathrm{d}}{\mathrm{d} t} \varphi(T + t, p) \big|_{t=0}$$
$$= \frac{\mathrm{d}}{\mathrm{d} t} \varphi(t, p) \big|_{t=0} = X(p).$$

Por outro lado, se $g : (-\varepsilon, \varepsilon) \to \Sigma$ é uma parametrização de Σ tal que $g(0) = p$, o conjunto $B = \{X(p), g'(0)\}$ é uma base de $\mathbb{R}^2$. Por definição, $\pi(g(s)) = \varphi(T + \tau(\varphi(T, g(s))), g(s))$, donde

$$\pi'(p) \cdot g'(0) = \frac{\mathrm{d}}{\mathrm{d} s} \pi \circ g(s) \big|_{s=0} = D_1 \varphi(T, p) \cdot a + D_2 \varphi(T, p) \cdot g'(0)$$
$$= a X(p) + D_2 \varphi(T, p) \cdot g'(0),$$

onde a é a derivada de $\tau(\varphi(T, g(s)))$ em $s = 0$. Portanto, a matriz de $D_2 \varphi(T, p)$ na base B é

$$\begin{pmatrix} 1 & -a \\ 0 & \pi'(p) \end{pmatrix}$$

e obtemos $\det \phi(T) = \pi'(p)$. As últimas afirmações do teorema seguem da Observação 3.37. ∎

Observação 3.39

O leitor poderá calcular uma expressão integral para a segunda derivada, $\pi''(p)$, da Transformação de Poincaré π de uma órbita periódica por p, com $\pi'(p) = 1$.

CAPÍTULO 3 — TEORIA QUALITATIVA DAS EDOs: ASPECTOS GERAIS   113

Em Andronov, Leontovich et al. [1], Cap. X, encontrará o padrão geral para as derivadas de ordem superior.

Os exercícios 23 e 24 deste capítulo conduzem à uma expressão integral para a derivada da Transformação de Poincaré com relação a um parâmetro. Conferir isto com os tratamentos dados em Andronov, Leontovich et al. [1] e em Chicone [3].

7. Fluxos lineares no toro

Os fluxos de campos vetoriais lineares com valores próprios puramente imaginários conduzem ao estudo de fluxos em superfícies toroidais. Assim, consideremos em $\mathbb{R}^4$ o seguinte sistema de equações diferenciais

$$\begin{cases} x_1' = -\alpha x_2, \\ x_2' = \alpha x_1, \\ x_3' = -\beta x_4, \\ x_4' = \beta x_3. \end{cases} \quad \alpha, \beta > 0. \tag{3.4}$$

Usando coordenadas complexas $z_1 = x_1 + i x_2$ e $z_2 = x_3 + i x_4$, o sistema (3.4) se escreve

$$\begin{cases} z_1' = i\alpha z_1, \\ z_2' = i\beta z_2, \end{cases} \tag{3.5}$$

cujo fluxo é $\varphi(t, z_1, z_2) = (\varphi_1(t, z_1), \varphi_2(t, z_2)) = (z_1 e^{i\alpha t}, z_2 e^{i\beta t})$. Fixemos $r_1, r_2 > 0$ e sejam $(z_1^0, z_2^0) \in \mathbb{C}^2 \approx \mathbb{R}^4$ tais que $|z_1^0| = r_1$ e $|z_2^0| = r_2$. A curva $t \to \varphi_i(t, z_i^0)$ (isto é, a imagem desta curva) está contida em $C_i = \{z \in \mathbb{C}; |z| = r_i\}$, $i = 1, 2$. Portanto, o toro $T^2 = C_1 \times C_2$ de $\mathbb{R}^4$ é invariante pelo fluxo φ. As soluções de (3.4) que estão contidas em T^2 são imagens pela aplicação $R : \mathbb{R}^2 \to T^2$, $R(\theta_1, \theta_2) = (r_1 e^{2\pi i \theta_1}, r_2 e^{2\pi i \theta_2})$, das soluções do seguinte sistema de equações em $\mathbb{R}^2$:

$$\begin{cases} \theta_1' = \alpha/2\pi, \\ \theta_2' = \beta/2\pi. \end{cases} \tag{3.6}$$

Observamos que o toro T^2 pode ser obtido de outras maneiras. Uma delas consiste em identificar os lados opostos do quadrado $[0,1] \times [0,1] \subset \mathbb{R}^2$. Isto equivale a tomar a aplicação quociente $Q : \mathbb{R}^2 \to \mathbb{R}^2/\mathbb{Z}^2$, onde $\mathbb{Z}$ é o grupo aditivo dos inteiros. Outra maneira consiste em tomar no espaço $\mathbb{R}^3 = \{(x, y, z)\}$ o círculo de raio 1 e centro $(2, 0)$ contido no plano (x, z) e rodá-lo em torno do eixo z. A superfície obtida desta maneira é a imagem da aplicação $\mathbb{R}^2 \to \mathbb{R}^3$ definida por

$$(\theta_1, \theta_2) \to ((2 + \cos 2\pi\theta_2)\cos 2\pi\theta_1, (2 + \cos 2\pi\theta_2)\operatorname{sen} 2\pi\theta_1, \operatorname{sen} 2\pi\theta_2).$$

Veja a Figura 3.13 como ilustração.

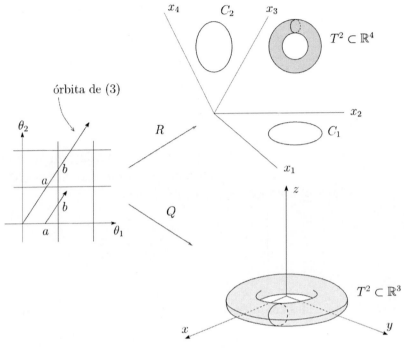

Fig. 3.13 Toro T^2

Seja $C = 1 \times C_2 \subset \mathbb{C}^2$. Para todo $(1, z_2^0) \in C$ a órbita $\varphi(t, 1, z_2^0)$ intercepta C numa sequência de pontos $(1, z_2^{(n)})$ dada por $z_2^{(n)} = z_2^0 e^{2\pi n i \beta/\alpha}$, $n \in \mathbb{Z}$. Na realidade estes pontos são os iterados $\Pi^n(z_2^0)$ pela transformação de Poincaré $\Pi : C \to C$, $\Pi(z) = z e^{2\pi i \beta/\alpha}$.

TEOREMA 3.40
Se β/α é racional, todas as órbitas de (3.5) contidas em T^2 são periódicas. Se β/α é irracional, elas são densas em T^2.

DEMONSTRAÇÃO
Seja $\beta/\alpha = p/q$, onde p e q são inteiros primos entre si e $q > 0$. Então, todas as órbitas de Π têm período q, o que significa que as órbitas de (3.5) são periódicas de período $\frac{2\pi}{\beta} \cdot q$.

Suponhamos β/α irracional. Para provar a afirmação acima basta fixar $z_2^0 \in C_2$ e provar que a sequência $\Pi^n(z_2^0)$ é densa no círculo. Para isto é suficiente mostrar que o subgrupo de $\mathbb{R}$ gerado por $\{1, \beta/\alpha\}$ é denso em $\mathbb{R}$. Mas esta afirmação decorre do Lema 3.16. ∎

OBSERVAÇÃO 3.41

Os iterados $\Pi^n(z_2^0)$ são as imagens pela aplicação R dos pontos de abscissa inteira da órbita correspondente de (3.6) em $\mathbb{R}^2$. Observe que esta órbita é uma reta de inclinação β/α.

8. Exercícios

1. Seja X um campo vetorial de classe C^1 num aberto $\Delta \subset \mathbb{R}^n$. Uma função contínua $f : \Delta \to \mathbb{R}$ chama-se integral primeira de X em Δ se:

   (a) f é constante ao longo de toda órbita de X;

   (b) f não é constante em nenhum aberto de Δ.

   Resolva as seguintes questões:

   (i) Seja $f : \Delta \to \mathbb{R}$ de classe C^1 tal que $Df(p) \cdot X(p) = 0$ e $Df(p) \neq 0$ para todo $p \in \Delta$. Então f é uma integral primeira de X.

   (ii) Se $p \in \Delta$ não é ponto singular de X então existe uma vizinhança V de p tal que $X|V$ tem $n-1$ *integrais primeiras* $f_1, \ldots, f_{n-1}$ de classe C^1 funcionalmente independentes (isto é, tais que $df_1(q), \ldots, df_{n-1}(q)$ são linearmente independentes para todo $q \in V$).

   (Sugestão: Use o corolário do teorema do fluxo tubular, pensando primeiro em um campo paralelo $(1, 0, \ldots, 0)$.)

   (iii) Encontre uma integral primeira do centro dado por

   $$x_1' = -\beta x_2$$
   $$x_2' = \beta x_1$$

   e da sela

   $$x_1' = \lambda_1 x_1$$
   $$x_2' = \lambda_2 x_2$$

   onde $\lambda_1 < 0 < \lambda_2$.

   (iv) Não existe nenhuma integral primeira em $\mathbb{R}^2$ nem para os nós nem para os focos definidos na seção 4 do Capítulo 2.

   (v) Generalize (iii) e (iv) para sistemas lineares em $\mathbb{R}^n$.

   (vi) Seja $H : \mathbb{R}^{2n} \to \mathbb{R}$ uma função de classe C^r, $r \geq 2$. Suponha que os pontos onde dH_q é nula são isolados e encontre uma integral primeira para o campo

   $$X = \left(\frac{\partial H}{\partial x_{n+1}}, \ldots, \frac{\partial H}{\partial x_{2n}}, -\frac{\partial H}{\partial x_1}, \ldots, -\frac{\partial H}{\partial x_n} \right)$$

   (tal campo é conhecido como Hamiltoniano).

(vii) Dada uma função $f : \Delta \to \mathbb{R}$ de classe C^2, tal que df não se anula em nenhum aberto, encontre um campo X cuja integral primeira seja f. Suponha $\Delta \subset \mathbb{R}^2$.

(viii) Se X_1 e X_2 em Δ_1 e Δ_2, respectivamente, são topologicamente equivalentes e X_1 tem uma integral primeira, então o mesmo é válido para X_2.

(ix) Se f é uma integral primeira de X, então $M_c = f^{-1}(c)$ é invariante por X. Em particular, como M_c não contém abertos, podemos considerar as órbitas contidas em M_c como um "subsistema", com dimensão inferior em uma unidade com respeito ao sistema definido por X.

(x) Se X tem uma integral primeira f e $df(p) \neq 0$ então existe uma vizinhança V de p tal que $X|V$ é diferenciavelmente conjugado a um sistema da forma

$$Y = (Y_1, Y_2, \ldots, Y_{n-1}, 0).$$

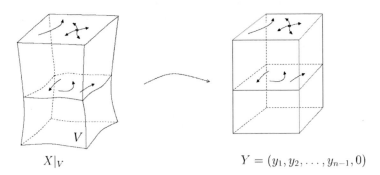

Fig. 3.14 *Campo com Integral Primeira*

(xi) Generalize este último resultado para o caso em que X possui k integrais primeiras funcionalmente independentes (ver (ii)) em um ponto $p \in \Delta$.

(Sugestão: Compare com o teorema do fluxo tubular 3.26 e imite a prova, usando o Teorema da Função Inversa.)

2. Sejam Σ_1, Σ_2 hiperplanos transversais a um campo X de classe C^k num aberto $\Delta \subset \mathbb{R}^n$. Se $p_i = \varphi(t_i) \in \Sigma_i$ ($i = 1, 2$) e $t_1 < t_2$, existe uma vizinhança V_i de p_i e uma função $\tau : V_1 \to \mathbb{R}$ de classe C^k tal que

$$f : q \to \varphi(\tau(q), q)$$

é um difeomorfismo de $V_1 \cap \Sigma_1$ sobre $V_2 \cap \Sigma_2$.

(Sugestão: Use o teorema do fluxo tubular.)

CAPÍTULO 3 — TEORIA QUALITATIVA DAS EDOS: ASPECTOS GERAIS   117

3. Seja $f(x, \lambda)$ de classe C^1 em $\mathbb{R}^n \times \mathbb{R}^n$ tal que

$$x' = f(x, 0)$$

tem uma solução periódica $p(t)$ não constante. Suponha que ω é o período desta solução e que as únicas soluções $y(t)$ de

$$y' = D_1 f(p(t), 0) y, \ y(0) = y(\omega)$$

são as funções da forma $ap'(t)$ com $a \in \mathbb{R}$.

Prove que existe $\delta > 0$ e uma função $\tau(\lambda)$ de classe C^1 em $|\lambda| < \delta$ tal que $\tau(0) = \omega$ e

$$x' = f(x, \lambda)$$

tem uma solução $p(t, \lambda)$ de classe C^1 periódica de período $\tau(\lambda)$ com $p(t, 0) = p(t)$.

(Sugestão: Seja H o hiperplano normal à curva $p(t)$ no ponto $p(0)$. Sem perda de generalidade, pode-se supor que $p(0) = 0$ e $p'(0) = (1, 0, \ldots, 0)$ e daí $H = \mathbb{R}^{n-1}$. Para $h = (h_2, \ldots, h_n) \in H$ seja a solução $\varphi(t, h, \lambda)$ do problema de valores iniciais

$$x' = f(x, \lambda), \quad x(0) = h.$$

Aplique o Teorema das Funções Implícitas à equação $\varphi_1(t, h, \lambda) = 0$ (φ_1 é a primeira coordenada de φ) para obter $\xi(h, \lambda)$ com $\xi(0, 0) = \omega$ e $\varphi(\xi(h, \lambda), h, \lambda) \in H$. Fica assim definida uma transformação de Poincaré de H em H de classe C^1. Para encontrar $p(t, \lambda)$ resolva a equação $\varphi(\xi(h, \lambda), h, \lambda) = h$ usando o Teorema das Funções Implícitas.)

4. Sejam f_1, f_2 de classe C^3 em $\mathbb{R}^2$, nulas em $(0, 0)$. Dado $a > 0$ prove que uma condição necessária para que o sistema

$$\begin{aligned} x_1' &= -x_2 + \mu f_1(x_1, x_2) \\ x_2' &= x_1 + \mu f_2(x_1, x_2) \end{aligned} \qquad (*)$$

tenha uma solução periódica $\varphi(t, a, \mu)$ de período $\tau(\mu)$ para todo μ suficientemente pequeno tal que $\varphi_a = \varphi(t, a, 0) = a(\cos t, \operatorname{sen} t)$ e $\tau(\mu)$ é diferenciável com $\tau(0) = 2\pi$, é que

$$\beta(a) = \int_{\varphi_a} f_2 dx_1 - f_1 dx_2 = 0.$$

Prove que se $\beta(a) = 0$ e $\beta'(a) \neq 0$, então $(*)$ tem de fato uma solução periódica com as propriedades acima.

(Sugestão: Introduza coordenadas polares

$$x_1 = r\cos\theta$$
$$x_2 = r\operatorname{sen}\theta$$

transformando $(*)$ em

$$r' = \mu R_1(r,\theta,\mu)$$
$$\theta' = 1 + R_2(r,\theta,\mu)$$

que é equivalente a uma equação do tipo

$$\frac{\mathrm{d}r}{\mathrm{d}\theta} = \mu R(r,\theta,\mu). \qquad (**)$$

Prove que a solução $\rho(r,\theta,\mu)$ de $(**)$, com $\rho(r,0,\mu) = r$, satisfaz a $\rho(r,2\pi,\mu) = r + \mu(\beta(r) + \varepsilon(r,\mu)\mu)$.)

5. Use o exercício 4 para mostrar que a equação de van der Pol

$$x'' = -x + \varepsilon x'(1-x^2)$$

possui, para todo $\varepsilon > 0$ suficientemente pequeno, um único ciclo limite estável na vizinhança do círculo $x^2 + (x')^2 = 4$. Prove também que quando $\varepsilon \to 0$ este ciclo tende para o círculo mencionado.

6. Que condições deverão satisfazer a e b para que a curva

$$\gamma(t) = (A\cos\sqrt{a}t, B\cos\sqrt{b}t)$$

seja densa no retângulo $[-A, A] \times [-B, B]$?

(Sugestão: Considere o sistema de osciladores harmônicos $x'' + ax = 0$, $y'' + by = 0$. Analise a possibilidade das curvas integrais em $\mathbb{R}^4(x, x', y, y')$ serem densas em toros.)

7. Sistemas conservativos unidimensionais: Considere a equação

$$x'' = F(x)$$

num intervalo da reta. Claramente ela é equivalente ao sistema

$$x' = v$$
$$v' = F(x) \qquad (*)$$

(i) Mostre que a energia total $E = T + U$ é uma integral primeira de (∗) onde $T(v) = \frac{v^2}{2}$ é a energia cinética e $U(x) = -\int_{x_0}^{x} F(\xi)d\xi$ é a energia potencial.

(ii) Mostre que todos os pontos de equilíbrio de (∗) estão no eixo dos x. Mostre também que todas as órbitas periódicas de (∗) interceptam o eixo dos x e são simétricas em relação a ele.

(iii) Mostre que se $U(x_1) = U(x_2) = c$ e $U(x) < c$ para $x_1 < x < x_2$, com $F(x_1)$ e $F(x_2)$ não nulos, então (∗) tem uma órbita periódica passando pelos pontos $(x_1, 0)$ e $(x_2, 0)$.

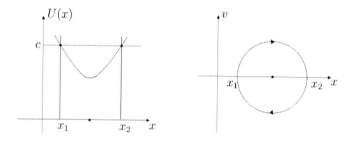

Fig. 3.15 *Níveis de energia, Potencial e Total, (iii)*

(iv) Suponha que $F(x) \neq 0$ para $0 < |x - a| < \epsilon$, para algum $\epsilon > 0$. Mostre que (∗) tem um centro ou uma sela em $(a, 0)$ conforme $U(a)$ seja um mínimo ou um máximo relativo. Na Figura 3.16, o mínimo indicado com a e o máximo com b.

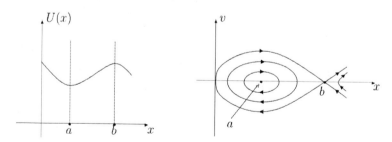

Fig. 3.16 *Níveis de energia, Potencial e Total, (iv)*

8. Com base no exercício anterior, determine o espaço de fase das seguintes equações:
   (i) $x'' = -x$ (mola)
   (ii) $x'' = -\operatorname{sen} x$ (pêndulo)
   (iii) $x'' = -\frac{1}{x^2}$ (gravitação.)

9. Considere a equação (ver exercício 7)

$$x'' + q(x) = 0,$$

onde $q \in C^1$, $q(0) = 0$ e $xq(x) > 0$ se $x \neq 0$. Interprete-a como a equação do movimento de uma massa unitária presa a uma mola elástica que reage a um deslocamento x com uma força $-q(x)$. Defina a rigidez $h(x)$ da mola por $h(x) = \frac{q(x)}{x}$. Por (iv) do exercício 7, sabemos que (0,0) é um centro no espaço de fase (x, v).

(i) Dada uma órbita na vizinhança de 0, com energia E e limites de oscilação $-B$ e A (ver Figura 3.17), mostre que seu período é

$$T = 2 \int_{-B}^{A} \frac{dx}{\sqrt{2(E - U(x))}}.$$

(Sugestão: note que $x' = v = \sqrt{2(E - U(x))}$.)

(ii) Considere duas molas com $h_1(x) \geq h(x)$ que oscilam dentro dos mesmos limites (ver(i)). Se T_1, T são seus perídos de oscilação, então $T \geq T_1$.

(Sugestão: Note que no ponto A, $E = U(A) = \int_0^A q(u)du$ e daí $E - U(x) = \int_x^A q(u)du$. Use isso para provar que $E - U(x) \leq E - U_1(x)$. Aplique então (i).)

(iii) Uma mola para a qual $h(x) = h(-x)$ é dita simétrica. Neste caso, $U(x) = U(-x)$ e $B = A$ em (i). O número A é dito amplitude da oscilação. Dizemos que uma mola simétrica é *dura* se $h''(0) > 0$ e *macia* se $h''(0) < 0$. Mostre que o período de uma mola dura (resp. macia) descresce (resp. cresce) quando a amplitude das oscilações cresce.

(Sugestão: seja $A_1 = cA$ com $c > 1$. Por simetria é preciso considerar apenas o tempo que a mola gasta para oscilar entre 0 e A (resp. 0 e A_1). Faça $x = cy$ e obtenha a equação $y'' + yh(cy) = 0$. Note que a oscilação de amplitude A para a equação original, ambas com o mesmo período. Use então (ii).)

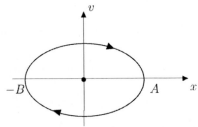

Fig. 3.17 Órbita com energia E, Exercício 9

CAPÍTULO 3 — TEORIA QUALITATIVA DAS EDOs: ASPECTOS GERAIS   121

10. No enunciado do Teorema 3.11 substitua a classe C^k de f pela classe C^ω (analítica real) em Δ. Prove que φ, o fluxo gerado por f, é analítico em D.

Lembramos que uma função real (resp. complexa) num domínio n-dimensional real (resp. complexo) é analítica se cada ponto do domínio tem uma vizinhança onde ela é a soma de uma série de potências uniformemente convergente. O Teorema de Montel garante que uma sequência de funções analíticas complexas, convergindo uniformemente em partes compactas do seu domínio, tem como limite uma função analítica complexa. (Sugestão: Prove uma versão do Teorema 3.10 para f analítica complexa em $\Delta \subset \mathbb{C}^n$ e obtenha φ analítica complexa. Para o caso real estenda a função para uma vizinhança complexa de seu domínio e aplique a ideia anterior.)

11. Duas espécies animais A e B coexistem num meio ideal onde o alimento para A é ilimitado. Esta espécie, porém, constitui o alimento principal de B. Denotemos por x e y as densidades (elementos por unidade de área) de A e B respectivamente. Segundo Volterra e Lotka, temos que a evolução destas densidades obedece ao sistema

$$\begin{aligned} x' &= \alpha x - \beta x y \\ y' &= -\gamma y + \delta x y \end{aligned} \qquad (*)$$

onde $\alpha, \beta, \gamma, \delta$ são números positivos. Justifica-se o sinal de α a partir da Lei de Malthus segundo a qual a população de uma espécie A em condições ideais cresce exponencialmente. Este crescimento é inibido pela presença da espécie B. A inibição é, nesse caso, proporcional aos encontros por unidade de área entre predadores B e vítimas A; isto acarreta o sinal negativo antes de β. Analogamente para γ e δ.

Prove que $(*)$ tem uma integral primeira E que possui em $(\gamma/\delta, \alpha/\beta)$ um ponto de mínimo não degenerado ($D^2 E$ é definida positiva nesse ponto). Conclua que todas as soluções de $(*)$ no quadrante positivo são periódicas. Interprete os resultados obtidos em termos de oscilações ininterruptas das densidades das espécies. (Sugestão: Transforme $(*)$ numa equação de variáveis separáveis e encontre $E = -y^\alpha x^\gamma e^{-\beta y} e^{-\delta x}$.)

12. Seja X um campo vetorial analítico em $\mathbb{R}^2$. Prove que uma órbita fechada de X é um ciclo limite ou é interior ao conjunto $P_X = \{x \in \mathbb{R}^2; \gamma_x \text{ é periódica}\}$ de órbitas fechadas de X. (Sugestão: Use o exercício 10 e prove que a transformação de Poincaré associada à órbita fechada de um campo analítico é analítica.)

122   EQUAÇÕES DIFERENCIAIS ORDINÁRIAS — *Jorge Sotomayor*

13. Sejam a, b, c, d números reais e $f, g : B \to \mathbb{R}$ funções de classe C^1 definidas numa bola B de centro na origem $(0,0)$ de $\mathbb{R}^2$ e raio r. O sistema

$$\begin{cases} x' = ax + by + f(x, y), \\ y' = cx + dy + g(x, y), \end{cases} \tag{3.7}$$

chama-se *sistema perturbado* do sistema linear

$$\begin{cases} x' = ax + by, \\ y' = cx + dy. \end{cases} \tag{3.8}$$

(a) Prove que se $f = o(r)$, $g = o(r)$ e $ad - bc \neq 0$, então a origem $(0,0)$ é um ponto singular isolado de (3.7).

(b) Suponha que $f(0,0) = g(0,0) = 0$ e $Df(0,0) = Dg(0,0) = 0$. Determine condições sobre a, b, c, d para que $(0,0)$ seja uma singularidade hiperbólica de (3.7). Neste caso, descreva o retrato de fase de (3.7) numa vizinhança da origem. Existem três tipos topológicos.

(c) Desenhe o retrato de fase dos sistemas abaixo. Mostre que não são topologicamente equivalentes entre si ou a um dos tipos encontrados em (b).

$$z' = z^2, \qquad\qquad z = x + iy, \tag{3.9}$$

$$x' = x^2, \qquad\qquad y' = -y, \tag{3.10}$$

$$x' = e^{-1/x^2} \operatorname{sen} \frac{1}{x}, \qquad\qquad y' = -y. \tag{3.11}$$

(d) Dê exemplo de um sistema (3.7) tal que a origem é um ponto singular e toda vizinhança da origem possui uma órbita fechada.

14. Sejam Σ, Λ espaços métricos, o primeiro deles completo. Seja $\phi : \Sigma \times \Lambda \to \Sigma$ contínua tal que existe $0 < \lambda < 1$ satisfazendo

$$d(\phi(x_1, \tau), \phi(x_2, \tau)) \leq \lambda d(x_1, x_2)$$

para todo (x_1, τ), $(x_2, \tau) \in \Sigma \times \Lambda$. Se $\tau \in \Lambda$, seja $x_\infty(\tau)$ o único ponto fixo da função $\phi_r : \Sigma \to \Sigma$ definida por $\phi_\tau(x) = \phi(x, \tau)$.

(i) Prove que $x_\infty(\tau)$ depende continuamente de τ.

(ii) Seja agora Σ espaço métrico completo e $\Phi : \Sigma \times \dot{\Sigma} \times \Lambda \to \Sigma \times \dot{\Sigma}$ uma aplicação contínua da forma $\dot{\Phi}(x, \dot{x}, \tau) = (\phi(x, \tau), \dot{\phi}(x, \dot{x}, \tau))$ com $\dot{d}(\dot{\phi}(x, \dot{x}_1, \tau), \dot{\phi}(x, \dot{x}_2, \tau)) \leq \lambda \dot{d}(\dot{x}_1, \dot{x}_2)$. Prove que o ponto fixo $(x_\infty(\tau), \dot{x}_\infty(\tau))$ de $\dot{\hat{\phi}}_\tau : \Sigma \times \Sigma \times \dot{\Sigma}$ dada por $\phi_\tau(x, \dot{x}) = (\phi(x, \tau))$ depende continuamente de τ.

(Sugestão: Note que $\dot{x}_\infty(\tau)$ é ponto fixo da aplicação $\dot{\phi}_1 : \dot{\Sigma} \to \dot{\Sigma}$, $\dot{\phi}_1(\dot{x}) = \dot{\phi}(x_\infty(\tau), \dot{x}, \tau)$ e por (a) $x_\infty(\tau)$ depende continuamente de τ.)

CAPÍTULO 3 — TEORIA QUALITATIVA DAS EDOs: ASPECTOS GERAIS   123

(iii) Aplique as conclusões de (ii) e o método da seção 2 para provar que se $f_0, f_1, f_2, \ldots$ são campos vetoriais de classe C^1 em Δ tais que $f_n \to f_0$ e $Df_n \to Df_0$ uniformemente em partes compactas de Δ, então $\varphi_n \to \varphi_0$ e $D\varphi_n \to D\varphi_0$ uniformemente em partes compactas de $D_0 \subset \mathbb{R} \times \Delta$ onde D_0 é o domínio do fluxo gerado por f_0. Generalize este resultado para classe C^k, $k > 1$.

15. Prove que a definição de ponto singular hiperbólico 3.29 depende apenas da classe de C^1-conjugação local.

(Sugestão: Ao contrário do feito na Observação 3.30, trabalhe com a equação de conjugação entre os fluxos de X e Y.)

16. Suponha que $r = r(x, y)$ e $s = s(x, y)$ são funções de classe C^2 numa vizinhança de $(0,0)$, ponto no qual elas e suas primeiras derivadas parciais se anulam.

Sela. Sejam $\lambda < 0 < \mu$. Prove que existe uma única curva de classe C^1, da forma $y = S(x)$, para $x \in [-\epsilon, \epsilon]$, nula com derivada nula em 0 tal que uma solução de

$$x' = \lambda x + r(x, y), \qquad y' = \mu y + s(x, y) \tag{3.12}$$

tende a $(0,0)$ quando $t \to \infty$ se, e somente se, existe um t_0 tal que, para $t \geq t_0$ ela está contida em $y = S(x)$.

Diz-se que a curva $y = S(x)$ é dividida por 0 em duas *separatrizes* estáveis. Analogamente para as *separatrizes* instáveis.

Nota. A versão apresentada acima deve-se a Pontrjagin [19], seção 30. Este resultado vale também para $r(x, y)$ e $s(x, y)$ de classe C^1 [23]; se elas são apenas diferenciáveis, com derivadas parciais limitadas a unicidade da *separatriz* não é válida. Ver Exercício 18 abaixo.

Nó. Suponha agora que $\lambda < \mu < 0$ e que $r = r(x, y)$ e $s = s(x, y)$ são ainda de classe C^3. Prove que existe uma única curva de classe C^1, da forma $y = N(x)$, para $x \in [-\epsilon, \epsilon]$, nula com derivada nula em 0 tal que uma solução de de 3.12 tende a $(0,0)$ com sua reta tangente tendendo ao eixo x quando $t \to \infty$ se, e somente se, existe um t_0 tal que, para $t \geq t_0$ ela está contida em $y = N(x)$.

Prove também que as soluções que tendem a $(0,0)$ quando $t \to \infty$ sem encontrarem $y = N(x)$, são tais que as suas retas tangentes tendem ao eixo y.

17. Suponha que $r = r(x,y)$ e $s = s(x,y)$ são funções de classe C^3 numa vizinhança de $(0,0)$, ponto no qual elas e suas derivadas parciais até ordem 2 se anulam.

    Prove que $(0,0)$ é um ponto singular isolado de

    $$x' = y + r(x,y), \quad y' = x^2 + kxy + s(x,y), k \in \mathbb{R}, \quad (3.13)$$

    e que existe uma única curva de classe C^1 da forma $y = A(x)$ (resp. $y = R(x)$) definida em $[0,\epsilon]$ tal que uma solução de (3.13) tende a $(0,0)$ quando $t \to \infty$ (resp. $t \to -\infty$) se, e somente se, dita solução encontra $y = A(x)$ (resp. $y = R(x)$).

    Este ponto de equilíbrio é denominado de *cuspidal*. Tenha uma ideia inicial das soluções considerando o caso Hamiltoniano que resulta de supor $k = 0$ e $r = r(x,y)$ e $s = s(x,y)$ identicamente nulas.

    Para o caso geral transforme o sistema usando as coordenadas polares generalizadas $x = r^2 \cos\theta$, $y = r^3 \sin\theta$. Prove que o sistema transformado tem duas selas.

    Prove que por mudanças de coordenadas, todo sistema da forma

    $$x' = y + ax^2 + bxy + cy^2 + r_1(x,y), \quad y' = x^2 + dxy + ly^2 + s_1(x,y), \quad (3.14)$$

    com $a, b, c, d, l \in \mathbb{R}$, e r_1 e s_1 como r e s acima, pode ser transformado em um da forma (3.13), para algum $k \in \mathbb{R}$ e funções r e s com as condições de anulação até ordem 2 em $(0,0)$ acima.

18. Sela com Funil Estável [25]. Seja τ uma função real de class C^∞, crescente no intervalo $[0,1]$, $\tau|_{(-\infty,0)} = 0$, $\tau|_{(1,\infty)} = 1$. Ver Figura 3.18. Considere a seguinte família de campos de vetores em $\mathbb{R}^2$

    $$X_\epsilon(x,y) = (-x, y - \epsilon x^2 \tau(\frac{y}{x^2})). \quad (3.15)$$

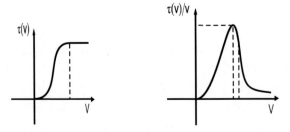

Fig. 3.18 Funções $\tau(v)$, a esquerda, e $\tau(v)/v$, a direita.

Prove que este campo é diferenciável em $\mathbb{R}^2$, com derivadas parciais de primeira ordem limitadas numa vizinhança de $(0,0)$, mas não contínuas em $(0,0)$. Assim ele é de Lipschitz e portanto tem soluções únicas.

Encontre um número $\epsilon_0 > 0$ tal que:

1. Para $0 < \epsilon < \epsilon_0$ o retrato de fase de X_ϵ near próximo a $(0,0)$ é topologicamente equivalente a uma sela linear.
2. Para $\epsilon \geq \epsilon_0$, o conjunto de soluções que tendem a $(0,0)$ tem interior não vazio, formando dois *funis estáveis*, contidos na região $\{(x,y); 0 \leq y \leq \frac{3}{\epsilon_0} x^2\}$. Ver Figura 3.19

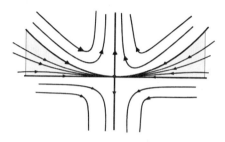

Fig. 3.19 Dois funis estáveis, duas separatrizes instáveis

Encontre ϵ_0 de modo que $3/\epsilon_0$ seja o máximo de $\tau(v)/v$, o qual é atingido no intervalo $]0,1[$. Ver figura 3.18. Para tanto estude os pontos de equilíbrio do campo acima, depois de fazer a mudança de variáveis $x = u$, $y = vu^2$.

19. Considere o seguinte sistema, cuja parte linear em $(0,0)$ é um centro:

$$x' = P(x,y) = y + p_2(x,y) + p_3(x,y) + P_4(x,y), \quad (3.16)$$

$$y' = Q(x,y) = -x + q_2(x,y) + q_3(x,y) + Q_4(x,y). \quad (3.17)$$

Suponha que p_i, q_i $2 \leq i \leq 3$ são polinômios homogêneos de grau i e P_4, Q_4 são funções de classe C^4 com todas as suas derivadas parciais até ordem 3 nulas em $(0,0)$.

Escreva os polinômios explicitando os coeficientes, na forma:

$$p_2(x,y) = p_{20}x^2 + p_{11}xy + p_{02}y^2 \quad (3.18)$$

$$q_2(x,y) = q_{20}x^2 + q_{11}xy + q_{02}y^2 \quad (3.19)$$

$$p_3(x,y) = p_{30}x^3 + p_{21}x^2y + p_{12}xy^2 + p_{03}y^3, \quad (3.20)$$

$$q_3(x,y) = q_{30}x^3 + q_{21}x^2y + q_{12}xy^2 + q_{03}y^3. \quad (3.21)$$

Prove que existem polinômios f_i, $i = 3, 4$, homogêneos cúbicos e quárticos, tais que $L(x,y) = (x^2 + y^2)/2 + f_3(x,y) + f_4(x,y)$, com

$$f_3(x, y) = f_{30}x^3 + f_{21}x^2 y + f_{12}xy^2 + f_{03}y^3, \tag{3.22}$$

$$f_4(x, y) = f_{40}x^4 + f_{31}x^3 y + f_{22}x^2 y^2 + f_{13}xy^3 + f_{04}y^4, \tag{3.23}$$

verificam:

$$L' = (\partial L/\partial x)P + (\partial L/\partial y)Q = \frac{\Lambda_1}{8}(x^2 + y^2)^2 + L_5(x, y), \tag{3.24}$$

onde L_5 é uma função de classe C^4 tal que as derivadas parciais até ordem 4 se anulam em $(0,0)$ e $\Lambda_1 \in \mathbb{R}$, denominado o *primeiro número de Liapounov* do sistema (**??**), é dado por

$$\Lambda_1 = 3p_{30} + p_{12} + q_{21} + 3q_{03} - p_{20}p_{11} + q_{11}q_{02} \tag{3.25}$$

$$- 2p_{02}q_{02} - p_{02}p_{11} + 2p_{20}q_{20} + q_{11}q_{20}. \tag{3.26}$$

Conclua que se $\Lambda_1 < 0$ (resp. $\Lambda_1 > 0$) a origem é um atrator (resp. repulsor) para as soluções com condições iniciais vizinhas a ela.

Os coeficientes de $f_3(x, y)$, organizados como vetor coluna $[f_{30}, f_{21}, f_{12}, f_{03}]$, são únicos, pois eles satisfazem um sistema de equações lineares cuja matriz, A_4, 4×4, tem por linhas $(0, -1, 0, 0)$, $(3, 0, -2, 0)$, $(0, 2, 0, -3)$ e $(0, 0, 1, 0)$, a qual é não singular.

Os coeficientes de $f_4(x, y)$, organizados como vetor coluna $[f_{40}, f_{31}, f_{22}, f_{13}, f_{04}]$, que denotaremos por $\mathbf{f_4}$, devem satisfazer um sistema de equações lineares cuja matriz, A_5, 5×5, tem por linhas $(0, -1, 0, 0, 0)$, $(4, 0, -2, 0, 0)$, $(0, 3, 0, -3, 0)$, $(0, 0, 2, 0, -4)$ e $(0, 0, 0 1, 0)$. Denote por $\mathbf{d}$ (e calcule-o em termos dos coeficientes até ordem 3 do sistema (3.16)-(3.17), o lado direito desta equação, organizado como vetor coluna.

A matriz A_5, entretanto, é singular pois seu núcleo é gerado pelo vetor coluna $\mathbf{n} = [1, 0, 2, 0, 1]$. Observe que e a sua imagem (como operador), i. e. o espaço gerado por suas colunas, consiste no núcleo da forma linear $\mathbf{a}$, cuja expressão, como (co-) vetor linha, é dada por $(3, 0, 2, 0, 3)$.

É claro que o sistema $A_4\mathbf{f_4} = \mathbf{d} - \mathbf{a(d)n/a(n)}$ que deve ser identificado com os termos de ordem 4 da equação (3.24), tem solução única, $\mathbf{f_4}$, desde que $\mathbf{a(f_4)} = 0$. Para concluir identifique Λ_1 com o resultado do cálculo de $\mathbf{a(d)/a(n)}$.

Dê exemplos de pontos de equilíbrio atratores e repulsores, de sistemas não lineares em $\mathbb{R}^n$, $n \geq 2$, cujas partes lineares têm dois valores próprios no eixo imaginário.

Compare o resultado acima com o cálculo da derivada terceira da transformação de Poincaré associada ao sistema (3.16)-(3.17). Prove que os dois resultados são equivalentes. Isto é, os resultados diferem por um fator positivo; assim a conclusão de estabilidade ou instabilidade é a mesma com ambos métodos de cálculo.

Suponha que $\Lambda_1 < 0$, somando um campo radial da forma $(\epsilon x, \epsilon y)$, com $\epsilon > 0$, pequeno, ao sistema (3.16)-(3.17), obtenha uma órbita periódica que não é repulsora para o sistema modificado.

20. Seja f de classe C^2 num aberto Δ de $\mathbb{R}^n$. Prove que, na demonstração do Teorema 3.10, os domínios da transformação $\hat{F} = (F, \dot{F})$ podem ser escolhidos tais que esta é uma contração do espaço $\hat{X} = X \times \dot{X}$, com a métrica $\hat{d} = \sup(d, \dot{d})$. Isto é, com esta hipótese de Df não ser só contínua mas também ter derivada contínua, o Teorema de Contração nas Fibras 3.7 não é necessário, bastando o Lema da Contração 1.6.

Nota. Exercício baseado em Arnold [2] e Sotomayor [21].

21. Seja $f = f(x, \lambda)$ com derivadas parciais com relação a x contínuas em $\mathbb{R}^n \times \mathbb{R}^p$. Prove que o fluxo local $\varphi(t, x, \lambda)$ de $x' = f(x, \lambda)$ no Teorema 3.10 também é contínuo em (t, x, λ).

22. Seja f de classe C^1 em $\mathbb{R}^3$ tal que $\partial f / \partial x > 0$. Seja $\varphi = \varphi(t, a_0, a_0')$ a solução de

$$x'' = f(t, x, x'), \; x(0) = a_0, \; x'(0) = a_0'.$$

Prove que $\partial \varphi(1, a_0, a_0') / \partial a_0' > 0$.

Nota. Exercício baseado em Coddington e Levinson [5], p.38.

(Sugestão: Prove que $u = u(t) = \partial \varphi(t, a_0, a_0') / \partial a_0$ satisfaz à equação $u'' = A(t)u + B(t)u'$, onde $A(t) > 0$, com as condições iniciais $u(0) = 0, u'(0) = 1$. Assim, u(t) é não decrescente e portanto positiva em $[0, 1]$. Caso contrario, ela teria um máximo em um ponto onde $u' = 0$ e portanto $u'' \leq 0$, em contradição com $u'' = A(t)u > 0$.)

23 Seja $\gamma(t) = (\gamma_1(t), \gamma_2(t))$ uma curva integral do campo vetorial $Y = (Y_1, Y_2)$, isto é, uma solução de

$$\begin{cases} x_1' = Y_1(x_1, x_2) \\ x_2' = Y_2(x_1, x_2). \end{cases} \tag{3.27}$$

Seja $Z = (Z_1, Z_2)$ um campo vetorial em $\mathbb{R}^2$. Prove que a componente normal a $\gamma(t)$,

$$\eta(t) = \frac{-v_1 . Y_2(\gamma(t)) + v_2 . Y_1(\gamma(t))}{|Y(\gamma(t))|},$$

128   Equações Diferenciais Ordinárias — *Jorge Sotomayor*

de uma solução $(v_1(t), v_2(t))$ do sistema linear não homogêneo

$$\begin{cases} v_1' = \frac{\partial}{\partial x_1} Y_1(\gamma(t)).v_1 + \frac{\partial}{\partial x_2} Y_1(\gamma(t)).v_2 + Z_1(\gamma(t)) \\ v_2' = \frac{\partial}{\partial x_1} Y_2(\gamma(t)).v_1 + \frac{\partial}{\partial x_2} Y_2(\gamma(t)).v_2 + Z_2(\gamma(t)) \end{cases} \qquad (3.28)$$

satisfaz à equação diferencial

$$\eta' = \left(\sigma(Y) - \frac{|Y|'}{|Y|}(\gamma(t)) \right).\eta + \frac{det(Y,Z)}{|Y|}(\gamma(t)), \qquad (3.29)$$

onde $Y = Y(\gamma(t))$, $|Y|(\gamma(t)) = (Y_1^2(\gamma(t)) + Y_2^2(\gamma(t)))^{\frac{1}{2}}$, $|Y|'(t) = \frac{d}{dt}|Y|(\gamma(t))$, $det(Y,Z) = Y_1.Z_2 - Y_2.Z_1$ e $\sigma(Y) = div(Y)(\gamma) = \frac{\partial}{\partial x_1} Y_1(\gamma(t)) + \frac{\partial}{\partial x_2} Y_2(\gamma(t))$.

Mais ainda, a solução $\eta = \eta(t)$ da equação diferencial linear (3.29), com a condição inicial $\eta(0) = \eta_0$, é dada por

$$\frac{|Y(0)|}{|Y(t)|}.exp\left(\int_0^t \sigma(Y)d\tau \right).\left[\eta_0 + \int_0^t exp\left(-\int_0^\tau \sigma(Y)du \right).\frac{det(Y,Z)}{|Y(0)|}d\tau \right] \quad (3.30)$$

(Sugestão Para verificar estas afirmativas, basta derivar a expressão (3.30) dada acima para $\eta = \eta(t)$.)

Note que a equação (3.30) também permite concluir que a derivada da Transformação de Poincaré é dada por

$$\pi'(0) = exp \int_0^T \sigma(Y)dt.$$

Para isso é suficiente tomar $Z \equiv 0$ e $\eta_0 = 1$. Compare com o Teorema 3.38

24. (Derivada da Transformação de Poincarè com relação a um parâmetro) Seja $X_\lambda(x) = X(x,\lambda) = (X_1(x_1,x_2,\lambda), X_2(x_1,x_2,\lambda))$ uma família de campos de vetores no plano $x = (x_1,x_2)$, dependendo diferenciávelmente de um parâmetro real λ. Isto quer dizer que as funções $X_i(x_1,x_2,\lambda), i = 1,2$ têm derivadas parciais contínuas no produto cartesiano $\Delta \times \Lambda$ de um aberto do plano e um aberto da reta.

Seja $\pi(\cdot,\cdot) : \Sigma_0 \times \Lambda_0 \to \Sigma$ a Transformação de Poincaré associada a uma órbita periódica γ_{λ_0} do campo $X_{\lambda_0} = X(x,\lambda_0)$. Suponha que Σ é uma seção normal a γ_0 que a corta num ponto de coordenada s_0 e Λ_0 é um pequeno intervalo aberto contendo λ_0.

Para entender $\pi(\cdot,\cdot)$ e verificar que ela está bem definida e é continuamente diferenciável num retângulo da forma $\Sigma_0 \times \Lambda_0$, considerá-la como $\Pi(s,\lambda) = (\pi(s,\lambda),\lambda)$, sendo esta última a Transformação de Poincaré da órbita periódica $\Gamma_0 = (\gamma_{\lambda_0}, \lambda_0)$ do campo vetorial tridimensional $(X(x,\lambda),0)$.

Prove que

$$\frac{\partial}{\partial \lambda} \pi(s_0, \lambda_0) = \tag{3.31}$$

$$K \int_0^T exp\left(-\int_0^t \sigma(X_{\lambda_0})(\gamma_0(u))du\right) det(X(\gamma_0(t)), \lambda_0), \frac{\partial}{\partial \lambda} X(\gamma_0(t), \lambda_0))dt,$$

onde $K = \frac{\frac{\partial}{\partial s}\pi(s_0, \lambda_0)}{|X(s_0, \lambda_0)|}$.

(Sugestão Para verificar esta expressão é suficiente tomar $\eta_0 = 0$ e $Z(.) = \frac{\partial}{\partial \lambda} X(., \lambda_0)$; assim a equação (3.28) coincide com a equação que dá a derivada do fluxo com relação a um parâmetro.

A fórmula (3.31) decorre de (3.30) pois $\frac{\partial}{\partial s}\pi = \pi'$.)

4
Teorema de Poincaré - Bendixson

A conclusão deste capítulo, que lhe dá o nome, constitui um dos primeiros resultados da Teoria Qualitativa das EDOs. Sob hipóteses simples, estabelece o comportamento assintótico das órbitas de campos vetoriais no plano ou na esfera, havendo apenas três padrões possíveis para os conjuntos limites das órbitas. Como visto em 7, capítulo 3, estes padrões se complicam consideravelmente em dimensões superiores, onde aparecem também os sistemas dinâmicos ditos caóticos como o de Lorenz.

1. Conjuntos α-limite e ω-limite de uma órbita

Sejam Δ um subconjunto aberto do espaço euclidiano $\mathbb{R}^n$ e $X : \Delta \to \mathbb{R}^n$ um campo vetorial de classe C^k, $k \geq 1$.

Seja $\varphi(t) = \varphi(t, p)$ a curva integral de X passando pelo ponto p, definida no seu intervalo máximo $I_p = (\omega_-(p), \omega_+(p))$. Se $\omega_+(p) = \infty$, define-se o conjunto

$$\omega(p) = \{q \in \Delta; \exists \{t_n\} \text{ com } t_n \to \infty \quad \text{e} \quad \varphi(t_n) \to q, \text{ quando } n \to \infty\}.$$

Analogamente, se $\omega_-(p) = -\infty$, define-se o conjunto

$$\alpha(p) = \{q \in \Delta; \exists \{t_n\} \text{ com } t_n \to -\infty \quad \text{e} \quad \varphi(t_n) \to q, \text{ quando } n \to \infty\}.$$

Os conjuntos $\omega(p)$ e $\alpha(p)$ são chamados, respectivamente, de *conjunto ω-limite* e *conjunto α-limite* de p.

Exemplo 4.1
(a) Seja $X : \mathbb{R}^2 \to \mathbb{R}^2$ o campo C^∞ dado por

$$X(x, y) = (x, -y).$$

As curvas integrais de X são representadas pela sela da Figura 4.1, em $\mathbb{R}^2$.
Se $p = 0$, $\alpha(p) = \omega(p) = \{0\}$;
Se $p \in E_1 - \{0\}$, $\omega(p) = \emptyset$ e $\alpha(p) = \{0\}$;
Se $p \in E_2 - \{0\}$, $\omega(p) = \{0\}$ e $\alpha(p) = \emptyset$;
Se $p \notin E_1 \cup E_2$, $\omega(p) = \alpha(p) = \emptyset$.

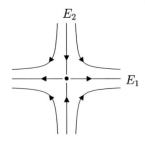

Fig. 4.1 Conjuntos limites, sela

(b) Se $\varphi(t) = \varphi(t,p)$ é periódica de período τ, então

$$\omega(p) = \gamma_p = \{\varphi(t,p) \text{ tal que } 0 \le t \le \tau\} = \alpha(p).$$

De fato, se $q \in \gamma_p$, existe $t' \in [0,\tau]$ tal que $\varphi(t',p) = q$. Definindo a sequência $t_n = t' + n\tau$, tem-se que $t_n \to \infty$ e $\varphi(t_n) = \varphi(t' + n\tau, p) = \varphi(t') = q$.

Para provar que $\alpha(p) = \gamma_p$, basta tomar a sequência $t_n = t' - n\tau$.

(c) Seja $X : \mathbb{R}^2 \to \mathbb{R}^2$ com $X(x,y) = (X_1(x,y), X_2(x,y))$ um campo C^k cujas órbitas são espirais exteriores e interiores ao círculo C de centro na origem e raio 1, como mostra a Figura 4.2 .

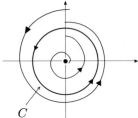

Fig. 4.2 Conjunto limite, órbita periódica

Por exemplo, se

$$X_1(x,y) = -y + x(1 - x^2 - y^2),$$
$$X_2(x,y) = x + y(1 - x^2 - y^2),$$

então X satisfaz a condição acima.

Então:

$\alpha(p) = \{0\}$, se p é interior a C;

$\alpha(p) = \emptyset$, se p é exterior a C;

$\alpha(p) = C$, se $p \in C$;

$\omega(p) = C$, qualquer que seja o ponto p diferente da origem.

OBSERVAÇÃO 4.2

(a) Se p é um ponto singular do campo X, então qualquer que seja o ponto p, $\alpha(p), \omega(p) = \{p\}$, pois neste caso $\varphi(t) = p$, para todo $t \in \mathbb{R}$.

(b) Se γ_p é a órbita de X pelo ponto p e $q \in \gamma_p$, então $\omega(p) = \omega(q)$. Com efeito, se $q \in \gamma_p$, existe $c \in \mathbb{R}$ tal que $\varphi(t, p) = \varphi(t + c, q)$. Analogamente, $\alpha(p) = \alpha(q)$.

Em virtude da observação (b), podemos definir

DEFINIÇÃO 4.3

O *conjunto ω-limite de uma órbita* γ, que denotaremos por $\omega(\gamma)$, é o conjunto $\omega(p)$, para qualquer $p \in \gamma$. O *conjunto α-limite de uma órbita* γ, que denotaremos por $\alpha(\gamma)$, é o conjunto $\alpha(p)$, para qualquer $p \in \gamma$.

OBSERVAÇÃO 4.4

Sejam $\varphi(t) = \varphi(t, p)$ a curva integral do campo X pelo ponto p e $\psi(t) = \psi(t, p)$ a curva integral do campo $-X$ pelo ponto p, então $\psi(t, p) = \varphi(-t, p)$.

Segue-se daí que o ω-limite de $\psi(t)$ é igual ao α-limite de $\varphi(t)$ e, reciprocamente, o ω-limite de $\varphi(t)$ é igual ao α-limite de $\psi(t)$. Por este motivo, para estudarmos as propriedades gerais dos conjuntos α-limite e ω-limite de órbitas é suficiente nos restringirmos ao estudo do conjunto ω-limite.

TEOREMA 4.5

Sejam $X : \Delta \to \mathbb{R}^n$ um campo de classe C^k, $k \geq 1$, definido num aberto $\Delta \subset \mathbb{R}^n$ e $\gamma^+(p) = \{\varphi(t, p); t \geq 0\}$ (respectivamente, $\gamma^-(p) = \{\varphi(t, p); t \leq 0\}$) a semiórbita positiva (respectivamente, a semiórbita negativa) do campo X pelo ponto p. Se $\gamma^+(p)$ (respectivamente $\gamma^-(p)$) está contida num subconjunto compacto $K \subset \Delta$, então

(a) $\omega(p) \neq \emptyset$ (respectivamente, $\alpha(p)$);

(b) $\omega(p)$ é compacto (respectivamente, $\alpha(p)$);

(c) $\omega(p)$ é invariante por X (respectivamente, $\alpha(p)$), isto é, se $q \in \omega(p)$, então a curva integral de X por q está contida em $\omega(p)$;

(d) $\omega(p)$ é conexo (respectivamente, $\alpha(p)$).

DEMONSTRAÇÃO

Pela observação anterior é suficiente mostrar o teorema para o conjunto $\omega(p)$.

(a) $\omega(p) \neq \emptyset$.

Seja $t_n = n \in \mathbb{N}$. Temos, por hipótese, que $\{\varphi(t_n)\} \subset K$ compacto. Existe então uma subsequência $\{\varphi(t_{n_k})\}$ que converge para um ponto $q \in K$.

134   Equações Diferenciais Ordinárias — *Jorge Sotomayor*

Temos então: $t_{n_k} \to \infty$, quando $n_k \to \infty$ e $\varphi(t_{n_k}) \to q$. Logo, por definição, $q \in \omega(p)$.

(b) $\omega(p)$ é compacto.

Temos que $\omega(p) \subset \overline{\gamma^+(p)} \subset K$, por conseguinte é suficiente mostrar que $\omega(p)$ é fechado.

Seja $q_n \to q$, $q_n \in \omega(p)$. Vamos mostrar que $q \in \omega(p)$. Desde que $q_n \in \omega(p)$, existe para cada q_n uma sequência $\{t_m^{(n)}\}$ tal que $t_m^{(n)} \to \infty$ e $\varphi(t_m^{(n)}, p) \to q_n$, quando $m \to \infty$.

Escolhamos para cada sequência $\{t_m^{(n)}\}$ um ponto $t_n = t_{m(n)}^{(n)} > n$ e tal que $d(\varphi(t_n, p), q_n) < \frac{1}{n}$. Temos então:

$$d(\varphi(t_n, p), q) \le d(\varphi(t_n, p), q_n) + d(q_n, q) < \frac{1}{n} + d(q_n, q).$$

Segue-se, então, que $d(\varphi(t_n, p), q) \to 0$, quando $n \to \infty$, isto é, $\varphi(t_n, p) \to q$.

Como $t_n \to \infty$ quando $n \to \infty$, segue-se que $q \in \omega(p)$.

(c) $\omega(p)$ é invariante por X.

Seja $q \in \omega(p)$ e $\psi : I(q) \to \Delta$ a curva integral de X passando no ponto q. Seja $q_1 = \varphi(t_0, q) = \psi(t_0)$ e vamos mostrar que $q_1 \in \omega(p)$.

Como $q \in \omega(p)$, existe uma sequência $\{t_n\}$ tal que $t_n \to \infty$ e $\varphi(t_n, p) \to q$, quando $n \to \infty$.

Como φ é contínua, segue que

$$q_1 = \varphi(t_0, q) = \varphi(t_0, \lim_{n \to \infty} \varphi(t_n, p)) = \lim_{n \to \infty} \varphi(t_0, \varphi(t_n, p))$$
$$= \lim_{n \to \infty} \varphi(t_0 + t_n, p).$$

Temos então a sequência $(s_n) = (t_0 + t_n)$ tal que $s_n \to \infty$ e $\varphi(s_n, p) \to q_1$, quando $n \to \infty$, isto é, $q_1 \in \omega(p)$.

Para uma ilustração geométrica, ver Figura 4.3.

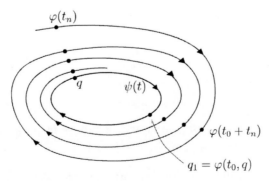

Fig. 4.3 Invariância do conjunto limite

(d) $\omega(p)$ é conexo.

Suponhamos que $\omega(p)$ não é conexo. Então $\omega(p) = A \cup B$, onde A e B são fechados, não vazios e $A \cap B = \emptyset$. Sendo $A \neq \emptyset$, existe uma sequência $\{t'_n\}$ tal que $t'_n \to \infty$ e $\varphi(t'_n) \to a \in A$, quando $n \to \infty$. Analogamente, existe uma sequência $\{t''_n\}$ tal que $t''_n \to \infty$ e $\varphi(t''_n) \to b \in B$, quando $n \to \infty$. Logo, podemos construir uma sequência $\{t_n\}$, $t_n \to \infty$, quando $n \to \infty$ e tal que $d(\varphi(t_n), A) < d/2$ e $d(\varphi(t_{n+1}), A) > d/2$ (onde $d = d(A, B) > 0$) para todo n ímpar.

Como a função $g(t) = d(\varphi(t), A)$, $t_n \leq t \leq t_{n+1}$, para todo n ímpar é contínua e $g(t_n) < d/2$ e $g(t_{n+1}) > d/2$, segue-se do teorema do valor intermediário que existe t^*_n, $t_n < t^*_n < t_{n+1}$ tal que

$$g(t^*_n) = d(\varphi(t^*_n), A) = d/2.$$

Desde que a sequência $\{\varphi(t^*_n)\}$ está contida no conjunto compacto $Q = \{x \in \Delta; d(x, A) = d/2\} \cap K$, $\{\varphi(t^*_n)\}$ possui uma subsequência convergente, que denotaremos também por $\{\varphi(t^*_n)\}$. Seja $p^* = \lim_{n \to \infty} \varphi(t^*_n)$. Então $p^* \in \omega(p)$. Mas, $p^* \notin A$, pois $d(p^*, A) = d/2 > 0$; também, $p^* \notin B$, pois $d(p^*, B) \geq d(A, B) - d(p^*, A) = d/2 > 0$. Chegamos portanto a uma contradição. ■

Corolário 4.6

Nas condições do teorema anterior, se $q \in \omega(p)$, então a curva integral de X, pelo ponto q, está definida para todo $t \in \mathbb{R}$.

Demonstração

Como $\omega(p)$ é compacto e invariante, segue-se que a órbita de X passando por q está contida no compacto $\omega(p)$. O resultado segue do Corolário 3.4. ■

Os exemplos (a) e (b) abaixo mostram que a existência de um compacto $K \subset \Delta$ contendo $\gamma^+(p)$ não pode ser retirada do Teorema 4.5.

Exemplo 4.7

(a) O leitor dará as expressões para o exemplo na Figura 4.4.

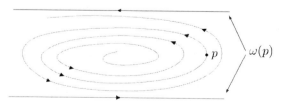

Fig. 4.4 *Conjunto limite não compacto*

136   EQUAÇÕES DIFERENCIAIS ORDINÁRIAS — *Jorge Sotomayor*

(b) Consideremos X o campo do Exemplo 4.1 (c) restrito ao aberto $\Delta = \mathbb{R}^2 -$ $\{p_1, p_2\}$, onde p_1 e p_2 são pontos distintos sobre o círculo unitário C. Se $p \neq 0$ e $p \notin C - \{p_1, p_2\}$, $\omega(p)$ é o círculo unitário menos os pontos p_1 e p_2, mostrando que $\omega(p)$ é desconexo.

2. O Teorema de Poincaré-Bendixson

No que se segue, vamos supor Δ um subconjunto aberto de $\mathbb{R}^2$ e X um campo vetorial de classe C^k, $k \geq 1$, em Δ. Lembremos que a semiórbita positiva por p, denotada γ_p^+, segundo o Teorema 4.5, é definida por $\gamma_p^+ = \{\varphi(t, p); t \geq 0\}$.

TEOREMA 4.8 Poincaré - Bendixson

Seja $\varphi(t) = \varphi(t, p)$ uma curva integral de X, definida para todo $t \geq 0$, tal que γ_p^+ esteja contida num compacto $K \subset \Delta$.

Suponha que o campo X possua um número finito de singularidades em $\omega(p)$. Têm-se as seguintes alternativas:

(a) Se $\omega(p)$ contém somente pontos regulares, então $\omega(p)$ é uma órbita periódica.

(b) Se $\omega(p)$ contém pontos regulares e singulares, então $\omega(p)$ consiste de um conjunto de órbitas, cada uma das quais tende a um desses pontos singulares quando $t \to \pm\infty$.

(c) Se $\omega(p)$ não contém pontos regulares, então $\omega(p)$ é um ponto singular.

Os lemas seguintes facilitarão a demonstração do teorema.

LEMA 4.9

Se $p \in \Sigma \cap \omega(\gamma)$, sendo Σ uma seção transversal a X e $\gamma = \{\varphi(t)\}$ uma órbita de X, então p pode ser expresso como limite de uma sequência de pontos, $\varphi(t_n)$, de Σ, onde $t_n \to \infty$.

DEMONSTRAÇÃO

Suponhamos que $\gamma = \{\varphi(t)\} = \{\varphi(t, q)\}$ e $p \in \Sigma \cap \omega(\gamma)$, como mostra a Figura 4.5.

Consideremos a vizinhança V e a aplicação $\tau : V \to \mathbb{R}$ dadas no Corolário 3.27.

Como $p \in \omega(\gamma)$, existe uma sequência $(\tilde{t}_n)$ tal que $\tilde{t}_n \to \infty$ e $\varphi(\tilde{t}_n) \to p$ quando $n \to \infty$.

Logo, existe $n_0 \in \mathbb{N}$ tal que $\varphi(\tilde{t}_n) \in V$ para todo $n \geq n_0$. Se $t_n = \tilde{t}_n + \tau(\varphi(\tilde{t}_n))$ para $n \geq n_0$, temos

$$\varphi(t_n) = \varphi(\tilde{t}_n + \tau(\varphi(\tilde{t}_n)), q)$$

$$= \varphi(\tau(\varphi(\tilde{t}_n)), \varphi(\tilde{t}_n))$$

e por definição de τ resulta que $\varphi(t_n) \in \Sigma$.

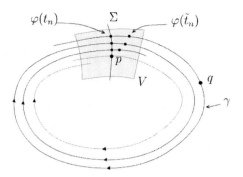

Fig. 4.5 Ilustração do Lema 4.9

Como τ é contínua, segue-se que

$$\lim_{n\to\infty} \varphi(t_n) = \lim_{n\to\infty} \varphi(\tau(\varphi(\tilde{t}_n)), \varphi(\tilde{t}_n))$$
$$= \varphi(0, p) = p,$$

pois $\varphi(\tilde{t}_n) \to p$ e $\tau(\varphi(\tilde{t}_n)) \to \tau(p) = 0$ quando $n \to \infty$.
Isto prova o lema. ∎

Observamos que uma seção transversal Σ a um campo X tem dimensão um, pois estamos considerando o campo X em $\mathbb{R}^2$. Logo, localmente, Σ é a imagem difeomorfa de um intervalo da reta. Consideraremos daqui por diante que toda seção transversal Σ é a imagem difeomorfa de um intervalo. Assim, Σ tem uma ordenação total "$\leq$" induzida pela ordenação total do intervalo. Podemos, pois, falar em sequências monótonas em Σ.

LEMA 4.10
Seja Σ uma seção transversal a X contida em Δ. Se γ é uma órbita de X e $p \in \Sigma \cap \gamma$, então $\gamma_p^+ = \{\varphi(t, p); t > 0\}$ intercepta Σ numa sequência monótona $p_1, p_2, \ldots, p_n, \ldots$

DEMONSTRAÇÃO
Seja $D = \{t \in \mathbb{R}^+; \varphi(t, p) \in \Sigma\}$. Decorre do teorema do fluxo tubular que D é discreto. Podemos portanto ordenar o conjunto

$$D = \{0 < t_1 < t_2 < \cdots < t_n < \cdots\}.$$

Seja $p_1 = p$. Definamos, caso exista, $p_2 = \varphi(t_1, p)$. Por indução, definiremos $p_n = \varphi(t_{n-1}, p)$.

Se $p_1 = p_2$, então γ é uma trajetória fechada de período $\tau = t_1$ e $p = p_n$ para todo n.

Se $p_1 \neq p_2$, digamos, $p_1 < p_2$ e se existir p_3, vamos mostrar que $p_3 > p_2$.

Orientemos a seção Σ, segundo a Figura 4.6 (a) e observemos que devido ao fato de Σ ser conexo e à continuidade do campo, as órbitas de X cruzam a seção sempre no mesmo sentido, digamos, da "esquerda" para a "direita", como mostra a Figura 4.6 (b).

Fig. 4.6 *Orientação da seção* Σ

Lembramos também que em $\mathbb{R}^2$ vale o *Teorema da Curva de Jordan*, ou seja:

"Se J é uma curva fechada, contínua e simples (J é a imagem homeomorfa de um círculo), então $\mathbb{R}^2 - J$ tem duas componentes conexas: S_i (limitada) e S_e (não limitada) as quais têm J como fronteira comum."

Consideremos então a curva de Jordan formada pela união do segmento $\overline{p_1 p_2} \subset \Sigma$ com o arco $\widehat{p_1 p_2}$ da órbita, $\widehat{p_1 p_2} = \{\varphi(t,p); 0 \leq t \leq t_1\}$, como mostra a Figura 4.7.

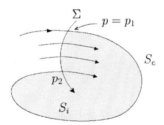

Fig. 4.7 *Curva de Jordan*

Em particular, a órbita γ, a partir de p_2, isto é, para valores de $t > t_1$, fica contida em S_i. De fato, ela não pode interceptar o arco $\widehat{p_1 p_2}$ devido à unicidade das órbitas (Figura 4.8 (a)) e não pode interceptar o segmento $\overline{p_1 p_2}$ porque contraria o sentido do fluxo (Figura 4.8 (b)).

Pelo que foi visto acima, caso p_3 exista, devemos ter $p_1 < p_2 < p_3$, como mostra a Figura 4.9. Continuando com este raciocínio, obteremos $p_1 < p_2 < p_3 < \cdots < p_n < \cdots$.

Portanto, $\{p_n\}$ é uma sequência monótona.

Se $p_2 < p_1$, a demonstração é análoga. ■

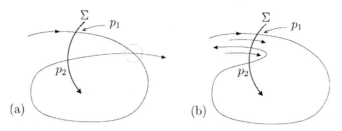

Fig. 4.8 *Impossibilidades*

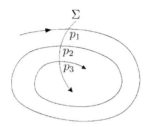

Fig. 4.9 *Ordenação da interseção de órbita com seção*

LEMA 4.11

Se Σ é uma seção transversal ao campo X e $p \in \Delta$, então Σ intercepta $\omega(p)$ no máximo em um ponto.

DEMONSTRAÇÃO

Em virtude do lema anterior, o conjunto de pontos de γ_p^+ em Σ tem no máximo um ponto limite pois o mesmo forma uma sequência monótona. Daí o resultado segue do Lema 4.9. ∎

LEMA 4.12

Sejam $p \in \Delta$, com γ_p^+ contida num compacto, e γ uma órbita de X com $\gamma \subset \omega(p)$. Se $\omega(\gamma)$ contém pontos regulares então γ é uma órbita fechada e $\omega(p) = \gamma$.

DEMONSTRAÇÃO

Seja $q \in \omega(\gamma)$ ponto regular e sejam V vizinhança de q dada pelo Corolário 3.27 e Σ_q a seção transversal correspondente. Pelo Lema 4.9 existe uma sequência $t_n \to \infty$ tal que $\gamma(t_n) \in \Sigma_q$. Como $\gamma(t_n) \in \omega(p)$, a sequência $\{\gamma(t_n)\}$ reduz-se a um ponto, pelo Lema 4.11. Isto prova que γ é periódica.

Provemos agora que $\gamma = \omega(p)$. Como $\omega(p)$ é conexo e γ é fechado e não vazio, basta provar que γ é aberto em $\omega(p)$.

Sejam $\overline{p} \in \gamma$, $V_{\overline{p}}$ uma vizinhança de $\overline{p}$ dada pelo Corolário 3.27 e $\Sigma_{\overline{p}}$ a seção transversal correspondente. Mostraremos que $V_{\overline{p}} \cap \gamma = V_{\overline{p}} \cap \omega(p)$.

Obviamente $V_{\bar{p}} \cap \gamma \subset V_{\bar{p}} \cap \omega(p)$. Por contradição, suponhamos que exista $\bar{q} \in V_{\bar{p}} \cap \omega(p)$ tal que $\bar{q} \notin \gamma$. Pelo Teorema do Fluxo Tubular, 3.26 e pela invariância de $\omega(p)$, existe $t \in \mathbb{R}$ tal que $\varphi(t,\bar{q}) \in \omega(p) \cap \Sigma_{\bar{p}}$ e $\varphi(t,\bar{q}) \neq \bar{p}$. Daí existem dois pontos distintos de $\omega(p)$ em $\Sigma_{\bar{p}}$, o que é impossível pelo Lema 4.11. Logo, $V_{\bar{p}} \cap \gamma = V_{\bar{p}} \cap \omega(p)$.

Obviamente $U = \bigcup_{\bar{p} \in \gamma} V_{\bar{p}}$ é aberto em $\mathbb{R}^2$, $\gamma \subset U$ e $U \cap \omega(p) = U \cap \gamma = \gamma$, isto é, γ é a interseção de um aberto de $\mathbb{R}^2$ com $\omega(p)$. Então γ é aberto em $\omega(p)$. ∎

DEMONSTRAÇÃO DO TEOREMA DE POINCARÉ-BENDIXSON

(i) Se acontece a hipótese de (a) e $q \in \omega(p)$, então a órbita $\gamma_q \subset \omega(p)$. Sendo $\omega(p)$ compacto resulta $\omega(\gamma_q) \neq \emptyset$. Decorre imediatamente do Lema 4.12 que $\omega(p) = \gamma_q =$ órbita fechada. Ver Figura 4.10.

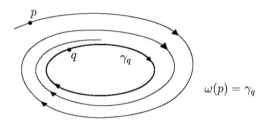

Fig. 4.10 Caso (a) no Teorema

(ii) Se acontece a hipótese de (b) e γ é uma órbita contida em $\omega(p)$, γ não reduzida a um ponto singular, então, pelo Lema 4.12, e por $\alpha(\gamma)$ e $\omega(\gamma)$ serem conexos sai que $\alpha(\gamma)$ e $\omega(\gamma)$ são ambos pontos singulares do campo X (lembre-se que X tem somente um número finito de singularidades em $\omega(p)$). Ver Figuras 4.11 (a), (b) e (c).

(iii) O caso (c) decorre diretamente do fato de ser $\omega(p)$ conexo e do fato de X possuir somente um número finito de singularidades, em $\omega(p)$. Ver Figura 4.12. ∎

EXEMPLO 4.13

Seja X um campo vetorial de classe C^1 em $\mathbb{R}^2$ que não possui pontos singulares em $B_{r,R} = \{(x,y); r^2 \leq x^2 + y^2 \leq R^2\}$, com $0 < r < R$. Se X aponta para o interior de $B_{r,R}$, em todo ponto de sua fronteira, então X tem uma órbita periódica em $B_{r,R}$. Isto pelo Teorema de Poincaré-Bendixson aplicado a qualquer semiórbita positiva por um ponto da fronteira de $B_{r,R}$.

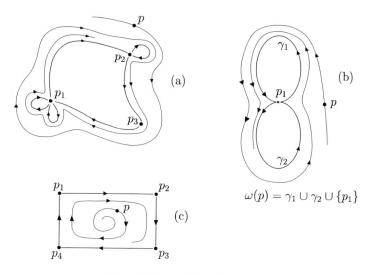

Fig. 4.11 Caso (b) no Teorema

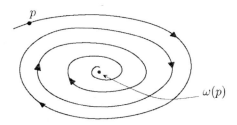

Fig. 4.12 Caso (c) no Teorema

TEOREMA 4.14 Teorema de Poincaré - Bendixson na Esfera $\mathbb{S}^2$
Seja $X : \mathbb{R}^3 \to \mathbb{R}^3$ um campo vetorial de classe C^1 em $\mathbb{R}^3$ tal que se $x \in \mathbb{S}^2 = \{(x_1, x_2, x_3); x_1^2 + x_2^2 + x_3^2 = 1\}$, então $\varphi(t, x) \in \mathbb{S}^2$ para todo $t \in \mathbb{R}$.

Se X tem um número finito de pontos singulares em $\mathbb{S}^2$, então o conjunto ω-limite de uma órbita por $x \in \mathbb{S}^2$ apresenta as mesmas possibilidades (a), (b), (c) como no Teorema de Poincaré - Bendixson em $\mathbb{R}^2$.

A demonstração deste teorema é similar à dada para $\mathbb{R}^2$, usando o fato que uma curva de Jordan J em $\mathbb{S}^2$ divide $\mathbb{S}^2 - J$ em duas componentes conexas cujas fronteiras coincidem com J. O leitor dará os detalhes da prova.

OBSERVAÇÃO 4.15
A hipótese de que $\varphi(t, x) \in \mathbb{S}^2$ é equivalente a $X(x) \in T\mathbb{S}^2_x$ para todo $x \in \mathbb{S}^2$. Aqui $T\mathbb{S}^2_x$ denota o plano tangente a $\mathbb{S}^2$ em x, que coincide com o plano ortogonal a x. O leitor justificará estes fatos.

142   Equações Diferenciais Ordinárias — *Jorge Sotomayor*

3. Aplicações

3.1 *Pontos singulares no interior de uma órbita periódica*

Teorema 4.16

Seja X um campo vetorial de classe C^1 num conjunto aberto $\Delta \subset \mathbb{R}^2$. Se γ é uma órbita fechada de X tal que $\operatorname{Int}\gamma \subset \Delta$ então existe um ponto singular de X contido em $\operatorname{Int}\gamma$.

Demonstração

Suponhamos que não existem pontos singulares em $\operatorname{Int}\gamma$. Consideremos o conjunto Γ de órbitas fechadas de X contidas em $\overline{\operatorname{Int}\gamma}$, ordenadas segundo a seguinte ordem parcial

$$\gamma_1 \le \gamma_2 \to \overline{\operatorname{Int}\gamma_1} \supseteq \overline{\operatorname{Int}\gamma_2}.$$

Mostraremos que todo subconjunto S *totalmente ordenado* de Γ, (i. e., $\gamma_1 \ne \gamma_2$ em S implica que $\gamma_1 < \gamma_2$ ou $\gamma_2 < \gamma_1$) admite uma *cota superior*; isto é, um elemento maior ou igual que qualquer elemento de S. Um conjunto ordenado nestas condições chama-se *indutivo*.

De fato, seja $\sigma = \{\cap \overline{\operatorname{Int}\gamma_i}; \ \gamma_i \in S\}$. Notemos que $\sigma \ne \emptyset$, pois cada $\overline{\operatorname{Int}\gamma_i}$ é compacto e a família $\{\overline{\operatorname{Int}\gamma_i}; \gamma_i \in S\}$ tem a *propriedade da Interseção Finita*. Isto é, qualquer interseção finita de elementos da família é não vazia. Seja $q \in \sigma$. Pelo Teorema de Poincaré-Bendixson $\omega(q)$ é uma órbita fechada contida em σ, pois este conjunto é invariante por X e não contém pontos singulares. Esta órbita é uma cota superior de S.

Pelo Lema de Zorn, Γ tem um elemento *maximal*, μ, pois Γ é indutivo. Lembremos que, segundo Lang [12], p. 10, isto quer dizer que não existe nenhuma órbita fechada de Γ contida em $\operatorname{Int}\mu$. Mas, se $p \in \operatorname{Int}\mu$, $\alpha(p)$ e $\omega(p)$ são órbitas fechadas pelo Teorema de Poincaré-Bendixson (pois não existem pontos singulares). Como $\alpha(p)$ e $\omega(p)$ não podem ser ambos iguais a μ (Por quê?), um deles estará contido em $\operatorname{Int}\mu$.

Esta contradição prova que devem existir pontos singulares em $\operatorname{Int}\gamma$.   ∎

Exemplo 4.17

A equação $x'' + x^4 + 3 = 0$ não tem soluções periódicas. De fato, o sistema bidimensional associado é $x' = y$, $y' = -x^4 - 3$, que não tem pontos singulares.

3.2 *As equações de Lienard e van der Pol*

Seja $g : \mathbb{R} \to \mathbb{R}$ uma função de classe C^1 tal que

(a) $G(u) = \int_0^u g(s)\,\mathrm{d}s$ é ímpar em u, isto é, $G(-u) = -G(u)$.

(b) $G(u) \to \infty$ se $u \to \infty$ e existe $\beta > 0$ tal que se $u > \beta$, G é crescente.

(c) Existe $\alpha > 0$ tal que $G(u) < 0$ se $0 < u < \alpha$.

TEOREMA 4.18

Nas condições acima, a equação de segunda ordem

$$u'' + g(u)u' + u = 0 \quad \text{(Equação de Lienard)} \tag{4.1}$$

admite uma solução periódica não constante.

DEMONSTRAÇÃO

A equação (4.1) é equivalente ao sistema

$$\begin{aligned} u' &= v - G(u) \\ v' &= -u. \end{aligned} \tag{4.2}$$

Anotemos as seguintes propriedades do sistema (4.2).

(a) O único ponto singular de (4.2) é $0 = (0,0)$, pois $G(0) = 0$.

(b) Vê-se de (4.2) que toda solução $(u(t), v(t))$ é tal que $u(t)$ é crescente onde $v(t) > G(u(t))$ e decrescente onde $v(t) < G(u(t))$. Também $v(t)$ é decrescente se $u(t) > 0$ e crescente se $u(t) < 0$. Além disso, o campo $(v - G(u), -u)$ é horizontal no eixo v e vertical na curva $v = G(u)$.

Segue-se que qualquer solução de (4.2) saindo do ponto $A = (0, v_0)$, com v_0 suficientemente grande, tem uma órbita com um arco $\widehat{ABCD}$ tal como o mostrado na Figura 4.13.

(c) As soluções de (4.2) são invariantes por reflexões $(u, v) \to (-u, -v)$, isto é, $(u(t), v(t))$ é solução de (4.2) se, e somente se, $(-u(t), -v(t))$ também o for. Isto decorre de G ser ímpar. Portanto, se conhecemos um arco de trajetória $\widehat{ABCD}$ como na Figura 4.13, então sua reflexão com respeito à origem também é um arco de trajetória. Em particular, se $A = (0, v_0)$, $D = (0, -v_1)$ e $v_1 < v_0$, então a semiórbita positiva que passa por A será limitada e, de fato, contida na região limitada pela curva de Jordan J formada pelo arco $\widehat{ABECD}$, sua reflexão com respeito à origem e os segmentos do eixo v que ligam os extremos destes arcos. Ver Figura 4.14.

A seguir provaremos que se v_0 é suficientemente grande temos que $v_1 < v_0$. Portanto, o conjunto $\omega(A)$ estará contido na região limitada por J. Verificaremos que $(0,0)$ é uma fonte de (4.2). Portanto, $\omega(A) \neq (0,0)$ e pelo Teorema de Poincaré--Bendixson $\omega(A)$ será uma órbita fechada. Isto terminará a prova.

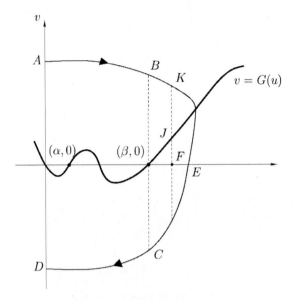

Fig. 4.13 Teorema de Lienard

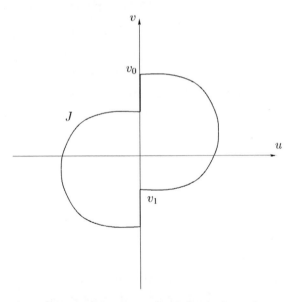

Fig. 4.14 Simetria na Equação de Lienard

Consideremos a função $R(u,v) = \frac{1}{2}(u^2 + v^2)$. Para uma solução $u = u(t)$, $v = v(t)$ de (4.2) temos

$$\frac{dR(u(t), v(t))}{dt} = -u(t)G(u(t)). \tag{4.3}$$

Com referência à Figura 4.13, temos

$$\frac{1}{2}(v_1^2 - v_0^2) = R(D) - R(A) = \int_{ABECD} dR$$

$$= \left[\int_{AB} + \int_{CD}\right] dR + \int_{BEC} dR$$

$$= \left[\int_{AB} + \int_{CD}\right] \frac{dR}{dt}\frac{dt}{du} du + \int_{BEC} \frac{dR}{dt}\frac{dt}{dv} dv$$

$$= \left[\int_{AB} + \int_{CD}\right] \frac{-uG(u)}{v - G(u)} du + \int_{BEC} G(u)dv.$$

As primeiras duas integrais tendem monotonicamente a zero quando $v_0 \to \infty$, pois o denominador do integrando tende uniformemente para ∞. Se F é um ponto qualquer no eixo u, entre $(\beta, 0)$ e E (veja a Figura 4.13), temos que

$$\phi(v_0) = \int_{BEC} G(u)dv \text{ satisfaz a } -\phi(v_0) = -\int_{BEC} G(u)dv$$

$$= \int_{CEB} G(u)dv > \int_{EK} G(u)dv > FJ \times FK.$$

A última desigualdade resulta do fato que G é crescente e seus valores à direita de F são maiores do que FJ. Como $FK \to \infty$ se $v_0 \to \infty$, isto prova que $\phi(v_0) \to -\infty$ se $v_0 \to \infty$. Portanto, $v_1^2 < v_0^2$, se v_0 é grande.

Por (4.3) se $0 < |u| < \alpha$, $\frac{dR}{dt}(t) > 0$. Portanto, 0 é uma fonte de (4.2), isto é, 0 é o α-limite de todo ponto numa vizinhança de 0. ◼

Observação 4.19
Não é difícil provar que se $\alpha = \beta$ então (4.2) admite uma única órbita periódica que, necessariamente, será estável. Ver exercício 15.

Corolário 4.20
A equação de van der Pol $x'' + \varepsilon(x^2 - 1)x' + x = 0$ com $\varepsilon > 0$ tem uma única solução periódica não constante que é estável.

Demonstração
Imediata pelo Teorema de Lienard e a observação anterior. ◼

Observação 4.21
Comparar o tratamento desta subseção com o dado no exercício 27.

4. Exercícios

1. Seja X um campo vetorial de classe C^1 em $\Delta \subset \mathbb{R}^n$. Prove que se $\varphi(t)$ é uma trajetória de X definida no intervalo máximo (ω_-, ω_+) com $\lim_{t \to \omega_+} \varphi(t) = p \in \Delta$, então $\omega_+ = \infty$ e p é uma singularidade de X.

146 Equações Diferenciais Ordinárias — *Jorge Sotomayor*

2. Seja $X = \nabla f = \operatorname{grad} f$, onde f é uma função de classe C^r, $r \geq 2$, definida num aberto $\Delta \subset \mathbb{R}^n$. Prove que X não possui órbitas periódicas. Se X tem pontos singulares isolados, então, para todo $p \in \Delta$, o conjunto ω-limite de p é vazio ou é um ponto singular.

   (Sugestão: Se $\varphi(t)$ é uma trajetória de X, note que $\frac{\mathrm{d} f(\varphi(t))}{\mathrm{d}t} > 0$, isto é, $f \circ \varphi$ é crescente.)

3. Seja $\varphi(t, x)$ o fluxo gerado por um campo vetorial X de classe C^1 em $\mathbb{R}^n$. Um subconjunto $S \subset \mathbb{R}^n$ não vazio chama-se *minimal* (de X), se ele é *invariante* (i. e., $x \in S \rightarrow \varphi(t, x) \in S$, $\forall t \in \mathbb{R}$), *compacto* e não contém subconjuntos próprios com estas propriedades.

   Prove que em $\mathbb{R}^2$ (i. e., $n = 2$) os únicos subconjuntos minimais de X são os pontos singulares e as órbitas periódicas de X.

   Se $n > 2$, é válido este resultado? Justificar.

4. Determinar $\omega(p)$ e $\alpha(p)$, para $p \in \mathbb{R}^2$, no caso do campo $Y = (Y_1, Y_2)$ dado por

$$Y_1 = -y_2 + y_1(y_1^2 + y_2^2)\operatorname{sen}\left(\frac{\pi}{\sqrt{y_1^2 + y_2^2}}\right),$$

$$Y_2 = y_1 + y_2(y_1^2 + y_2^2)\operatorname{sen}\left(\frac{\pi}{\sqrt{y_1^2 + y_2^2}}\right).$$

   (Sugestão: Estude o produto interno $< x, Y(x) >= x_1 Y_1 + x_2 Y_2$.)

5. Determine o conjunto $\omega(p)$, para todo $p \in \mathbb{R}^2$, no caso do sistema

$$\begin{cases} x' = y[y^2 + (x^2 - 1)^2] + x(1 - x^2 - y^2), \\ y' = -x[y^2 + (x^2 - 1)^2] + y(1 - x^2 - y^2). \end{cases}$$

   (Sugestão: idêntica à do exercício 4.)

6. (Critério de Bendixson) Se $X = (X_1, X_2)$ é um campo de classe C^1 em $\Delta \subset \mathbb{R}^2$, Δ um conjunto simplesmente conexo, com

$$\operatorname{div} X = \frac{\partial X_1}{\partial x_1} + \frac{\partial X_2}{\partial x_2} \neq 0$$

   para todos os pontos de Δ, então X não tem órbitas periódicas em Δ.

   (Sugestão: suponha que X tem órbita periódica e aplique o Teorema da Divergência na região limitada por ela.)

Capítulo 4 — Teorema de Poincaré - Bendixson   147

7. Determine os pontos singulares do seguinte sistema

$$\begin{cases} x' = y \\ y' = -b\,\mathrm{sen}\,x - ay, \; a, b > 0. \end{cases}$$

Prove que ele não tem órbitas periódicas. Faça um esboço do retrato de fase deste sistema. Compare com o caso em que $a = 0$.
(Sugestão: use o exercício 6.)

8. Verifique se as seguintes equações diferenciais possuem soluções periódicas.
   (a) $x'' + (x^6 - x^2)x' + x = 0$.
   (b) $x'' + (x')^2 - (1 + x^2) = 0$.

   (Sugestão: use o Teorema de Lienard ou o teorema sobre existência de pontos singulares.)

9. Sejam X_1 e X_2 campos em Δ_1, Δ_2, abertos do $\mathbb{R}^n$. Então, para toda conjugação topológica

$$h : \Delta_1 \to \Delta_2$$

temos que $h(\omega(p)) = \omega(h(p))$, para todo p em Δ_1.

10. Dê um exemplo de um campo X em $\mathbb{R}^3$ tal que o conjunto ω-limite de um de seus pontos é compacto, conexo e não contém singularidades mas não é uma órbita periódica.

11. Prove que

$$\begin{cases} x' = 2x - x^5 - y^4 x \\ y' = y - y^3 - yx^2 \end{cases}$$

não tem órbitas periódicas.
(Sugestão: Mostre que o campo acima só possui singularidades nos eixos coordenados. Considere o retrato de fase deste campo restrito a estes eixos e procure demonstrar que a existência de uma órbita fechada leva a uma contradição.)

12. Seja X um campo de classe C^1 em $\mathbb{R}^2$. Se p é um ponto regular de X tal que $p \in \omega(p)$ então $\omega(p)$ é órbita periódica.

13. Seja X um campo em $\mathbb{R}^2$ de classe C^1 e γ uma órbita de X. Prove que se γ não é singularidade nem órbita periódica, então $\omega(\gamma) \cap \alpha(\gamma) = \emptyset$, ou então $\omega(\gamma) \cap \alpha(\gamma)$ é ponto singular. Suponha que X possui apenas singularidades isoladas.

14. Seja X um foco linear em $\mathbb{R}^2$.
    (a) Prove que existe $\delta > 0$ tal que se Y é um campo C^1 em $\mathbb{R}^2$ com
    $$\sup_{x \in \mathbb{R}^2} \|DY(x)\| \leq \delta,$$
    então $X + Y$ não possui órbitas periódicas.
    (b) Prove que existe $\delta > 0$ tal que se Y é um campo C^1 em $\mathbb{R}^2$ com
    $$\sup_{|x| \leq 1} \|DY(x)\| \leq \delta \text{ e } \sup_{x \in \mathbb{R}^2} |Y(x)| < \delta,$$
    então $X + Y$ não tem órbitas periódicas.
    (Sugestão: use o exercício 6.)

15. Com as hipóteses do Teorema de Lienard (4.18) mostre que se $\alpha = \beta$, então o sistema
    $$u' = v - G(u)$$
    $$v' = -u$$
    admite uma única solução periódica, que é estável.

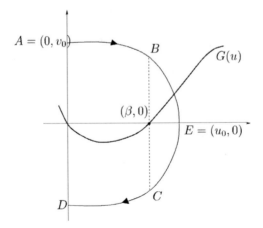

Fig. 4.15 Unicidade do ciclo de Lienard

(Sugestão: Com a notação usada na prova do Teorema de Lienard mostre que se $u_0 \leq \beta$, então
$$R(D) - R(A) = \int_{ABECD} G(u) dv > 0$$
e que se $u_0 > \beta$, então
$$R(D) - R(A) = \left[\int_{AB} + \int_{CD} \right] \left(\frac{-uG(u)}{v - G(u)} \right) du + \int_{BEC} G(u) dv$$

tende monotonicamente para $-\infty$ quando $v_0 \to \infty$. Para provar esta última afirmação analise separadamente cada uma das três integrais acima.)

16. Seja $X = (X_1, X_2)$ campo em $\mathbb{R}^2$, onde

$$X_1 = -x_2 + x_1(1 - x_1^2 - x_2^2)$$
$$X_2 = x_1 + x_2(1 - x_1^2 - x_2^2)$$

Prove que este campo tem uma única órbita periódica γ. Calcule a transformação de Poincaré π associada a γ e prove que $\pi' \neq 1$.

(Sugestão: Em coordenadas polares o sistema acima se transforma no sistema

$$r' = r(1 - r^2)$$
$$\theta' = 1.$$

Usando que

$$\int \frac{dr}{r(1 - r^2)} = \frac{1}{2} \log\left(\frac{r^2}{|1 - r^2|}\right),$$

conclua que π: eixo positivo $x_1 \to$ eixo positivo x_1 é dada por

$$\pi(r) = \frac{r e^{2\pi}}{\sqrt{1 - r^2 + r^2 e^{4\pi}}} \cdot)$$

17. Seja X um campo de classe C^1 em $\mathbb{R}^2$ tal que existe uma vizinhança V de 0, onde X/V é o campo linear

$$(x_1, x_2) \to (\lambda_1 x_1, \lambda_2 x_2)$$

com $\lambda_1 \lambda_2 < 0$ e $\lambda_1 + \lambda_2 < 0$.

Suponha que existe $p \in \mathbb{R}^2$, $p \neq 0$ tal que $\alpha(p) = \omega(p) = \{0\}$.

Prove que se $L = \gamma_p \cup \{0\}$ então existe uma vizinhança W_L de L tal que, para todo $q \in W_L \cap J_L$, onde J_L é uma componente conexa de $\mathbb{R}^2 - L$, tem-se $\omega(q) = L$.

(Sugestão: Considere a Figura 4.16.

Note que se pode definir uma transformação de Poincaré π para o laço L usando o segmento da seção Σ que está contido no quadrado superior direito. Mostre que $\pi = f \circ g$, onde g leva pontos deste segmento em Σ_0 e $f : \Sigma_0 \to \Sigma$. Prove que $g(x) = x^\rho$ com $\rho = |\lambda_2|/|\lambda_1| > 1$ e conclua que $\pi(0) = 0$ e $\pi'(x) < 1$. Analise também o caso em que a transformação de retorno está definida na parte não limitada de $\mathbb{R}^2 - L$.)

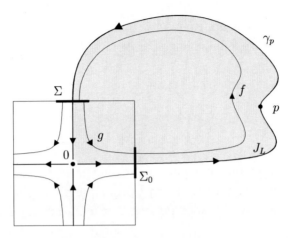

Fig. 4.16 Gráfico laço

18. Seja um campo X com as hipóteses do exercício 17, mas suponha agora que existem dois pontos p_1, p_2 diferentes de 0, com $\gamma_{p_1} \neq \gamma_{p_2}$ e tal que

$$\omega(p_1) = \alpha(p_1) = \omega(p_2) = \alpha(p_2) = \{0\}.$$

Se $L = \gamma_{p_1} \cup \gamma_{p_2} \cup \{0\}$ prove que existe uma vizinhança W_L de L tal que se $q \in W_L$, então $\omega(q) \subset L$.
(Sugestão: Considere a Figura 4.17.

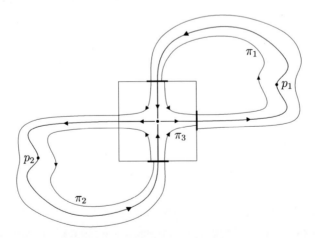

Fig. 4.17 Gráfico em forma de "oito"

Estude as transformações de Poincaré π_1, π_2 e π_3. Considere também a configuração onde o retorno está definido na componente não limitada do "oito".)

CAPÍTULO 4 — TEOREMA DE POINCARÉ - BENDIXSON   151

19. Analise o caso $\lambda_1 + \lambda_2 > 0$ para os exercícios 17 e 18.

Considere também o caso $\lambda_1 + \lambda_2 = 0$. No caso do laço, dê um exemplo em que é um atrator e outro onde é repulsor. No caso do "oito", dê um exemplo onde este é atrator e os laços são de estabilidades opostas.

20. Seja $X_\lambda = X(x,\lambda)$ um campo de classe C^1 em $\mathbb{R}^2$ para cada $\lambda \in \mathbb{R}^n$ tal que $X : (x,\lambda) \to X(x,\lambda)$ é de classe C^1 em $\mathbb{R}^{n+2}$. Se X_0 tem uma órbita periódica γ_0 com $\int_{\gamma_0} \operatorname{div} X_0 \neq 0$, prove que existe uma vizinhança W de γ_0 e uma vizinhança V de 0 em $\mathbb{R}^n$ tal que para todo $\lambda \in V$, X_λ tem uma única órbita periódica $\gamma_\lambda \subset W$; além disso γ_λ tem com respeito a X_λ o mesmo caráter de estabilidade que γ_0 com respeito a X_0.

(Sugestão: Aplique o Teorema das Funções Implícitas a $\pi(x,\lambda) - x = 0$, onde $\pi(\cdot,\lambda)$ é a transformação de Poincaré em relação ao campo X_λ por uma seção transversal a γ_0. Ver exercício 24, Cap. 3.)

21. Seja γ uma órbita periódica estável de $X = (X_1, X_2)$, campo de classe C^1 num aberto Δ de $\mathbb{R}^2$. Seja

$$X_\theta = \begin{pmatrix} \cos\theta & \operatorname{sen}\theta \\ -\operatorname{sen}\theta & \cos\theta \end{pmatrix} \begin{pmatrix} X_1 \\ X_2 \end{pmatrix}.$$

Este é o campo vetorial em $\mathbb{R}^2$, obtido a partir de X dando-lhe uma rotação de um ângulo θ.

(i) Prove que existe $\varepsilon > 0$ tal que X_θ com $|\theta| < \varepsilon$ tem uma órbita periódica γ_θ tal que $\gamma_\theta \to \gamma$ quando $\theta \to 0$.

(ii) Prove que as γ_θ são todas disjuntas, isto é,

$$\gamma_{\theta_1} \cap \gamma_{\theta_2} = \emptyset \text{ se } \theta_1 \neq \theta_2$$

e prove que $\bigcup_{|\theta| \leq \varepsilon} \gamma_\theta$ é uma região anular do plano.

(iii) Se γ é instável, prove uma versão análoga.

(iv) Se γ é semiestável prove que para θ com sinal apropriado (positivo ou negativo, conforme o caso), existem duas órbitas periódicas $\gamma_{1\theta}$ e $\gamma_{2\theta}$ com $\gamma_{i\theta} \to \gamma$, quando $\theta \to 0$, com $i = 1,2$.

Analise a existência de órbitas periódicas quando θ tem sinal oposto ao considerado na primeira parte deste item.

(v) No caso do laço L do exercício 17, prove que a rotação, em sentido apropriado, produz uma órbita fechada γ_θ tal que $\gamma_\theta \to L$, quando $\theta \to 0$.

(Sugestão: Para (iv) veja na Figura 4.18 que se γ_1 e γ_2 são órbitas de X então o α-limite da órbita de X_θ passando por a e o ω-limite da órbita de X_θ

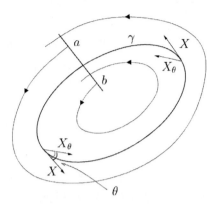

Fig. 4.18 *Campo rodado*

passando por *b* são órbitas periódicas distintas. Adapte a Figura e a ideia para tratar dos casos (i), (ii) e (iii). Só quando $\int_\gamma \operatorname{div} X \neq 0$, chamado caso em que γ é órbita *hiperbólica* de X, estes três últimos casos podem ser tratados usando a sugestão do exercício anterior. Para (v) procure pensar de maneira semelhante.)

22. Considere as mesmas hipóteses e notação que no execrício 21, acima, denote por $\mathscr{P}(X)$ o conjunto de pares (p,θ) de $\Delta \times \mathbb{R}$ tais que a órbita de X_θ por p é periódica. Prove que $\mathscr{P}(X)$ é uma superfície regular de classe C^1 de $\Delta \times \mathbb{R}$. Isto é, cada um de seus pontos admite uma vizinhança V de modo que $\mathscr{P}(X) \cap V$ é definido pela imagem inversa de uma função real de classe C^1 com gradiente no nulo no referido ponto. Ver [16] para as propriedades básicas das superfícies regulares e para o Cálculo nelas.

    Prove que a órbita periódica por (p,θ) é hiperbólica (i.e. $\pi' \neq 1$) se, e somente se, a derivada da projeção de $\mathscr{P}(X)$ em $\mathbb{R}$ não é nula em p.

    Use o Teorema de Sard [16], [22], para provar que o conjunto de valores θ, ditos valores regulares, tais que todas as órbitas periódicas de X_θ são hiperbólicas é denso em $\mathbb{R}$. De fato em [24], usando dito teorema, foi provado que este conjunto tem medida de Lebesgue total, isto é seu complementário tem medida de Lebesgue nula. Este fato foi usado para provar que todo campo de vetores X de classe C^1 pode ser aproximado por campos da forma X_θ com todas suas órbitas periódicas hiperbólicas. Para isto basta tomar os θ entre os valores regulares da projeção de $\mathscr{P}(X)$ em $\mathbb{R}$.

    (Sugestão. Usar os exercícios 20, acima, e 24, Cap. 3.)

    Nota. A partir do Teorema de Sard para aplicações de classe C^1 do plano no plano, usando as ideias em [24] também pode ser provado que todo campo de vetores X pode ser aproximado por campos de vetores da forma

$(X + V)_\theta$, com $V = (V_1, V_2) \in \mathbb{R}^2$, tais que todas suas singularidades e órbitas periódicas em Δ são hiperbólicas. Este é um ingrediente simplificado do estudo dos campos de vetores estruralmente estáveis desenvolvido em domínios compactos por Andronov e Pontrjagin [1] e Peixoto [18], [24], [17]..

23. Um cientista tem uma amostra de líquido que contém várias espécies misturadas de "platelmintos fototrópicos", i. e, "minhoquinhas" que reagem à luz e nadam em direção a ela. Sabe-se que cada espécie nada a diferente velocidade. Para isolar e extrair aquela espécie de velocidade v, o cientista coloca o líquido num recipiente transparente cilíndrico, de raio R. Depois, submete este recipiente à rotação, perto de uma fonte luminosa, com uma velocidade angular $\alpha > v/R$. Ver Figura 4.19. Os platelmintos nadam em direção à luz, contra o sentido de rotação do líquido. O cientista espera que os platelmintos que ele procura se acumulem num ponto P do recipiente, quando $t \to +\infty$ (o experimento inicia com $t = 0$), de modo que, mergulhando uma colher nesse ponto, possam ser retirados.

Prove que, com as condições acima especificadas, o ponto $P = P(v,\alpha)$ existe e é único.

Prove também que $P = P(v,\alpha)$ varia continuamente com v e α, e que, quando $\alpha \to v/R$, P tende ao ponto $(R,0)$, o foco luminoso.

Estude o limite quando $\alpha \to 0$.

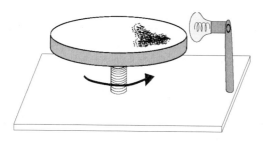

Fig. 4.19 Platelmintos fototrópicos

Esboço da prova

As trajetórias dos platelmintos de velocidade v são soluções do sistema X de equações diferenciais

$$X = \begin{cases} x' = -\alpha y + v \dfrac{R-x}{\sqrt{(R-x)^2 + y^2}} \\ y' = \alpha x - v \dfrac{y}{\sqrt{(R-x)^2 + y^2}}. \end{cases} \quad (1)$$

Se $(x(t), y(t))$ é solução de (1), seja $U(t) = x(t)^2 + y(t)^2$. Prove que $U' = \frac{dU}{dt} < 0$ se, e somente se, o ponto $(x(t), y(t))$ está fora do círculo $C : \left(x - \frac{R}{2}\right)^2 + y^2 = \frac{R^2}{4}$.

(*) Prove que uma solução $\varphi(t)$ com condição inicial em $G = \{x^2 + y^2 < R\}$ permanece em G, para todo $t \geq 0$, e que, de fato, não existe nenhuma tal solução com $\varphi(t) \to (R, 0)$ quando $t \to \xi_+$, onde ξ_+ é o extremo superior do intervalo máximo, que neste caso satisfaria a $\xi_+ < +\infty$. Prove também que, exatamente uma órbita por ponto de G tende a $(R, 0)$ para tempo negativo.

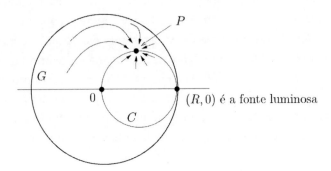

Fig. 4.20 *Esboço do retrato de fase.*

Prove que não existem órbitas periódicas de X em G (usar o critério de Bendixson: se div $X \neq 0$ numa região G, simplesmente conexa, não existem órbitas periódicas de X, em G).

Para provar (*), introduza coordenadas polares em torno de $(R, 0)$, com $(R, 0)$ como polo, e conclua que as trajetórias do sistema acima correspondem à Figura 4.20.

Nota. Este exercício é baseado em modelo no livro de Wilson [28], onde, entretanto, não aparece a parte (*). Por sua vez, sem citar fonte, Wilson atribui a L. Markus a autoria do modelo. Ver também Sotomayor [27], onde uma solução da parte (*) é apresentada.

24. Mostre que $y(t)$ é solução da equação de Rayleigh

$$y'' - \varepsilon(1 - (y')^2)y' + y = 0, \quad \varepsilon > 0, \qquad (*)$$

se, e só se, $x(t) = \sqrt{3}\,y'(t)$ é solução da equação de van der Pol.
(Sugestão: Diferencie (∗).)

25. Mostre que se g satisfaz as condições do Teorema de Lienard e $f \in C^1$ é uma função ímpar com $f(u) > 0$ se $u > 0$ então as conclusões daquele teorema são válidas para a equação

$$u'' + g(u)u' + f(u) = 0.$$

(Sugestão: Considere o sistema

$$u' = v - G(u)$$
$$v' = -f(u)$$

e proceda como no Teorema de Lienard.)

26. Mostre que as equações

$$x'' + (5x^4 - 9x^2)x' + x^5 = 0$$
$$x'' + (x^6 - x^2)x' + x = 0$$

possuem uma órbita periódica.

27. (Matemática do oscilador do tubo de vácuo, segundo Pontrjagin [19], seção 29, onde também se encontra a discusão sobre o circuito elétrico pertinente.)

Considere o sistema

$$x' = y$$
$$y' = -\omega^2 x - 2\delta y + g(y),$$

onde δ é um parâmetro positivo e g é uma funcão real limitada com derivada contínua e positiva em $\mathbb{R}$ e com $g(0) = 0$. Prove que se $2\delta < g'(0)$ este sistema tem uma órbita periódica.

(Sugestão. Prove que $(0,0)$ é o único equilíbrio do sistema. Com a condição imposta dito ponto é um repulsor e o "infinito" é um atrator do sistema. Isto último quer dizer que existem elipses centradas em $(0,0)$, arbitrariamente grandes, que o sistema cruzam para o interior. Para provar isto usar curvas de nivel da forma qudrática q associada a um atrator linear na prova do Teorema 2.30. Neste caso o atrator linear será o sistema acima onde g foi omitida. Obtenha elipses centradas em $(0,0)$, arbitrariamente pequenas, que o sistema cruzam para o exterior. Neste caso a forma quadrática a ser usada será a associada ao atrator obtido pela linarização do sistema acima no qual os sinais dos termos da direita foram mudados. Use o Teorema de Poincaré - Bendixson adaptado o exemplo 4.13 para a região limitada pelas duas elipses.)

5
ESTABILIDADE NO SENTIDO DE LIAPOUNOV

Considere uma solução $x(t)$, periódica ou singular, de um sistema de equações diferenciais. *Grosso modo* dizemos que $x(t)$ é estável quando toda solução com valores iniciais próximos aos de $x(t)$ está definida para todo $t \geq 0$ e permanece próxima a $x(t)$ quando $t \to +\infty$. Se o sistema de equações descreve a evolução de um processo natural ou um mecanismo, as soluções estáveis adquirem uma importância especial para o estudo do mesmo. Um exemplo simples é o funcionamento do relógio com pêndulo, que possui dois regimes estacionários estáveis: um é o funcionamento normal, quando o pêndulo se movimenta com uma amplitude bem determinada θ, durante um tempo, pode-se dizer, infinito; no outro regime estacionário temos ausência de movimento. Os dois regimes são estáveis. De fato, afastemos o pêndulo de sua posição vertical com a força de um impulso. Se esta força for pequena, o pêndulo para depois de um certo número de oscilações. Se a força for suficiente para dar ao pêndulo um movimento de amplitude próxima a θ, ele funcionará normalmente após um pequeno intervalo de tempo. Portanto, toda solução se confunde com um dos dois regimes estacionários após certo tempo.

Neste capítulo desenvolvemos os elementos básicos da teoria de estabilidade. Recomendamos complementar este estudo com o capítulo 5 de Pontrjagin [19], no qual se encontra uma apresentação mestra da estabilidade do Regulador Centrífugo de Watt. Este assunto tem grande importância histórica e matemática e nos tempos atuais foi elaborado com o estudo de suas bifurcações (perda da estabilidade). Ver a este respeito Sotomayor, Mello e Braga [26].

1. Estabilidade de Liapounov

Consideremos o sistema

$$x' = f(t, x), \qquad (5.1)$$

onde $f : \Omega \to \mathbb{R}^n$ é contínua, $\Omega \subset \mathbb{R} \times \mathbb{R}^n$ aberto.

DEFINIÇÃO 5.1

Seja $\varphi(t)$ uma órbita de (5.1) definida para $t \geq 0$. Diz-se que $\varphi(t)$ é *estável* se para todo $\varepsilon > 0$ existir $\delta > 0$ tal que se $\psi(t)$ é solução de (5.1) e $|\psi(0) - \varphi(0)| < \delta$, então $\psi(t)$ está definida para todo $t \geq 0$ e $|\psi(t) - \varphi(t)| < \varepsilon$, $\forall t \geq 0$. Se além disso existir δ_1 tal que $|\psi(0) - \varphi(0)| < \delta_1$ implica $\lim_{t \to +\infty} |\psi(t) - \varphi(t)| = 0$, então φ diz-se *assintoticamente estável*.

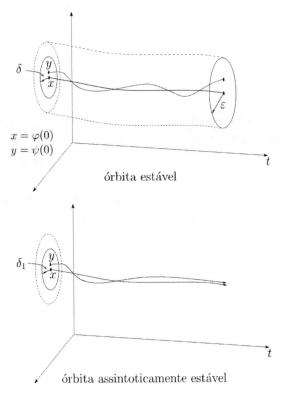

Fig. 5.1 *Órbitas estável e assintoticamente estável*

Um ponto singular x_0 de um sistema autônomo

$$x' = f(x), \quad x \in \Delta \subset \mathbb{R}^n, \tag{5.2}$$

é estável quando para toda vizinhança U de x_0 existe uma vizinhança U_1 de x_0 tal que toda solução $\varphi(t)$ de (5.2) com $\varphi(0) \in U_1$ está definida e contida em U para todo $t \geq 0$. Se além disso $\lim_{t \to +\infty} \varphi(t) = x_0$, diminuindo U_1 se necessário, então x_0 é assintoticamente estável.

EXEMPLO 5.2

Seja A um operador linear em $\mathbb{R}^n$ cujos autovalores têm todos parte real < 0. Existem K e $\mu > 0$ tais que

$$|e^{At}| \leq K e^{-\mu t}, \quad \forall t \geq 0.$$

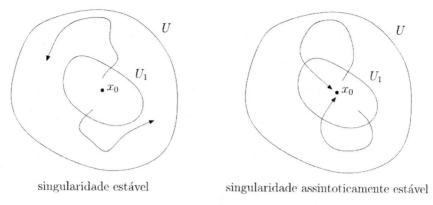

Fig. 5.2 *Singularidades estável e assintoticamente estável*

Conclui-se que $0 \in \mathbb{R}^n$ é um ponto singular assintoticamente estável do sistema $x' = Ax$. Ver Teorema 2.30.

EXEMPLO 5.3

Seja $x' = Ax$ um centro em $\mathbb{R}^2$; $0 \in \mathbb{R}^2$ é uma singularidade estável mas não assintoticamente estável.

Seja $\varphi(t)$ uma solução de (5.1). Verificar a estabilidade de φ equivale a testar a estabilidade da solução nula de $x' = f(x + \varphi(t), t) - f(\varphi(t), t)$. O leitor pode constatar facilmente esta afirmação. Suponhamos então que (5.1) tenha solução nula e f seja C^1. O desenvolvimento de Taylor de $f(x,t)$ em torno de $x = 0$ nos fornece o sistema

$$x' = A(t)x + g(t,x), \tag{5.3}$$

onde $A(t) \in \mathcal{L}(\mathbb{R}^n)$, $g(t,0) \equiv 0$ e $g(t,x) = o(|x|)$ quando $x \to 0$, para cada t. Um sistema deste tipo chama-se quase-linear. O teorema abaixo estabelece uma condição suficiente para que a solução nula seja assintoticamente estável em (5.3).

TEOREMA 5.4

Consideremos o sistema quase-linear

$$x' = Ax + g(t,x), \quad (t,x) \in \Omega_b, \tag{5.4}$$

onde $\Omega_b = \{(t,x) \in \mathbb{R} \times \mathbb{R}^n; |x| < b\}$, A é um operador linear em $\mathbb{R}^n$ cujos autovalores têm parte real < 0, g é contínua e $g(t,x) = o(|x|)$ uniformemente em t. Suponhamos ainda que (5.4) tenha soluções únicas em todo ponto. Então a solução nula de (5.4) é assintoticamente estável.

160 EQUAÇÕES DIFERENCIAIS ORDINÁRIAS — *Jorge Sotomayor*

DEMONSTRAÇÃO

Provamos no Teorema 2.30 que existem $\mu > 0$ e $K \geq 1$ tais que $|e^{tA}| \leq Ke^{-t\mu}$, $\forall t \geq 0$. Ainda, existe $\delta_1 > 0$ para o qual $|x| < \delta_1$ implica $|g(t,x)| \leq \frac{\mu}{2K}|x|$, para todo $t \in \mathbb{R}$.

Dado $|x| < \delta = \frac{\delta_1}{K}$, seja $\varphi(t)$ a solução de (5.4) em Ω_{δ_1}, com $\varphi(0) = x$ e intervalo maximal (ω_-, ω_+). Sabemos que

$$\varphi(t) = e^{tA}x + \int_0^t e^{(t-s)A}g(s, \varphi(s))ds$$

para todo $t \in (\omega_-, \omega_+)$. Como $|\varphi(t)| < \delta_1$, $\forall t$, isto implica, para $t \geq 0$,

$$|\varphi(t)| \leq Ke^{-\mu t}|x| + K\int_0^t e^{-\mu(t-s)}|g(s, \varphi(s))|ds,$$

donde $e^{\mu t}|\varphi(t)| \leq K|x| + \frac{\mu}{2}\int_0^t e^{s\mu}|\varphi(s)|ds$.

Aplicando a desigualdade de Gronwall (Exercício 36, Capítulo 1), obtemos

$$e^{\mu t}|\varphi(t)| \leq K|x|e^{\mu/2}, \quad t \geq 0.$$

Portanto, $|\varphi(t)| \leq \delta_1 e^{-\mu t/2}$, $t \geq 0$. Afirmamos que $\omega_+ = \infty$. Se não, pelo Teorema 1.17, teríamos que

$$\delta_1 = \lim_{t \to \omega_+} |\varphi(t)| \leq \delta_1 e^{-\mu \omega_+/2} < \delta_1,$$

absurdo. Portanto, $\omega_+ = \infty$, e é imediato concluir que a solução nula é assintoticamente estável, a partir da desigualdade

$$|\varphi(t)| \leq \delta_1 e^{-\mu t/2}, \quad t \geq 0, \text{ se } |\varphi(0)| < \delta. \qquad (*) \quad \blacksquare$$

COROLÁRIO 5.5

Seja x_0 um ponto singular de

$$x' = f(x), \ f : \Delta \to \mathbb{R}^n \text{ de classe } C^1, \ \Delta \subset \mathbb{R}^n \text{ aberto}, \qquad (5.5)$$

e suponhamos que $Df(x_0)$ tem todos os autovalores com parte real < 0. Então existem uma vizinhança U de x_0 e constantes $K > 0$ e $v > 0$ tais que para todo $x \in U$ a solução $\varphi(t)$ de (5.5) tal que $\varphi(0) = x$ está definida em U, para todo $t \geq 0$, e $|\varphi(t) - x_0| \leq Ke^{-vt}|x - x_0|$, $\forall t \geq 0$. Em particular, x_0 é assintoticamente estável.

DEMONSTRAÇÃO

Imediata a partir da relação $(*)$ da demonstração anterior. $\blacksquare$

2. O Critério de Liapounov

Consideremos o sistema autônomo

$$x' = f(x), \; f : \Delta \to \mathbb{R}^n \tag{5.6}$$

onde f é de classe C^1 no aberto $\Delta \subset \mathbb{R}^n$.

A solução de (5.6) passando por $x \in \Delta$ será sempre indicada por $\varphi_x(t)$, com $\varphi_x(0) = x$.

Seja $V : \Delta \to \mathbb{R}$ uma função diferenciável. Ponhamos, para cada $x \in \Delta$, $\dot{V}(x) = DV_x \cdot f(x)$, ou seja, $\dot{V}(x) = \frac{\mathrm{d}}{\mathrm{d}t} V(\varphi_x(t)) \Big|_{t=0}$.

DEFINIÇÃO 5.6

Seja x_0 um ponto singular de (5.6). Uma *função de Liapounov* para x_0 é uma função $V : U \to \mathbb{R}$ diferenciável definida em um aberto $U \ni x_0$, satisfazendo às seguintes condições:

(a) $V(x_0) = 0$ e $V(x) > 0$, $\forall x \neq x_0$;

(b) $\dot{V} \leq 0$ em U.

A função de Liapounov V diz-se *estrita* quando

(c) $\dot{V} < 0$ em $U - \{x_0\}$.

O critério de Liapounov para o sistema (5.6) é:

TEOREMA 5.7

Seja x_0 um ponto singular de (5.6). Se existe uma função de Liapounov para x_0, então x_0 é estável. Se a função for estrita, x_0 é assintoticamente estável.

DEMONSTRAÇÃO

Seja $V : U \to \mathbb{R}$ uma função de Liapounov para x_0. Dado $B = \{x \in \mathbb{R}^n; |x - x_0| \leq \delta\} \subset U$, o número $m = \min\{V(x); |x - x_0| = \delta\}$ é positivo. Em virtude da continuidade de V, existe um aberto $U_1 \ni x_0$, contido em B, tal que $V(x) < m$ para todo $x \in U_1$. Como V é não crescente ao longo das órbitas de (5.6), temos que $\varphi_x(t)$ permanece no interior de B para todo $t \geq 0$ e $x \in U_1$. Portanto, x_0 é estável.

Vamos supor agora que $\dot{V} < 0$ em $U - \{x_0\}$. Sejam $x \in U_1$ e $\{t_n\}$ uma sequência crescente de números reais positivos tal que $\varphi_x(t_n) \to y \in B$. Temos $V(\varphi_x(t_n)) \to V(y)$ e $V(\varphi_x(t)) > V(y)$, $\forall t \geq 0$. Suponhamos $y \neq x_0$. Então $V(\varphi_y(t)) < V(y)$ e para todo z suficientemente próximo de y, $V(\varphi_z(1)) < V(y)$. Mas então, se n for suficientemente grande, $V(\varphi_x(t_n + 1)) < V(y)$, absurdo. Portanto, $y = x_0$. Como B é compacto, isto é suficiente para provar que x_0 é assintoticamente estável. ∎

162 EQUAÇÕES DIFERENCIAIS ORDINÁRIAS — *Jorge Sotomayor*

COROLÁRIO 5.8

Nas condições do Corolário em 5.5 existe uma função quadrática definida positiva que, numa vizinhança de x_0, é de Liapounov estrita para f. Portanto x_0 é assintoticamente estável.

DEMONSTRAÇÃO

Tomar como função de Liapounov a forma quadrática q associada à parte linear de f (que é um atrator linear), usada na prova da parte (4) do Teorema 2.30. ■

EXEMPLO 5.9

Consideremos o sistema

$$x' = -x + 2x(x+y)^2, \quad y' = -y^3 + 2y^3(x+y)^2, \quad (x,y) \in \mathbb{R}^2.$$

A origem $(0,0)$ é um ponto singular isolado. Observe que não é possível aplicar o Teorema 5.4. Consideremos a função $V(x,y) = \frac{1}{2}(x^2 + y^2)$. Temos

$$V(0,0) = 0 \quad \text{e} \quad V(x,y) > 0, \quad \forall (x,y) \neq (0,0).$$

Ainda,

$$\dot{V}(x,y) = xx' + yy' = [2(x+y)^2 - 1](x^2 + y^4),$$

donde $\dot{V}(x,y) < 0$ numa vizinhança de $(0,0)$ (exceto em $(0,0)$). Em virtude do teorema de Liapounov, $(0,0)$ é assintoticamente estável.

EXEMPLO 5.10

A origem $(0,0)$ é uma singularidade estável do sistema

$$x' = y - xy^2, \quad y' = -x^3, \quad (x,y) \in \mathbb{R}^2. \tag{$*$}$$

De fato, $V(x,y) = \frac{1}{4}x^4 + \frac{1}{2}y^2$ é uma função de Liapounov do sistema $(*)$. Note que $(0,0)$ é uma singularidade não estável da parte linear $x' = y$, $y' = 0$ deste sistema.

DEFINIÇÃO 5.11

Seja x_0 uma singularidade assintoticamente estável de (5.6).

O conjunto $B(x_0) = \{x \in \Delta; \varphi_x(t) \to x_0 \text{ quando } t \to \infty\}$ chama-se *bacia de atração* ou *variedade estável* de x_0.

Um conjunto $P \subset \Delta$ diz-se *positivamente invariante* para (5.6) quando para cada $x \in P$, $\varphi_x(t)$ está definido e contido em P para todo $t \geq 0$.

Observe que $B(x_0)$ é um conjunto aberto em Δ. Quando (5.6) representa um sistema físico, é importante determinar $B(x_0)$, pois aí todo estado confunde-se com x_0 depois de certo tempo.

CAPÍTULO 5 — ESTABILIDADE NO SENTIDO DE LIAPOUNOV   163

TEOREMA 5.12

Sejam x_0 uma singularidade, ou ponto de equilíbrio, de (5.6) e $P \subset \Delta$ uma vizinhança de x_0, compacta e positivamente invariante. Seja V uma função C^1 tal que $\dot{V} < 0$ em $P - \{x_0\}$. Então x_0 é assintoticamente estável e $P \subset B(x_0)$.

DEMONSTRAÇÃO

Sejam $x \in P$ e $\omega(x) = \{y \in \Delta; \exists t_n \to \infty \text{ com } \varphi_x(t_n) \to y\}$ o conjunto ω-limite de x. Como P é fechado, temos $\omega(x) \subset P$. Ainda, sabemos que $\omega(x)$ é invariante. Por outro lado, V é constante em $\omega(x)$. De fato, como V é contínua, $\lim_{n \to \infty} V(\varphi_x(t_n)) = V(a)$ para toda sequência $\{t_n\}$ de números positivos tal que $\lim_{n \to \infty} \varphi_x(t_n) = a$. Mas, V decresce ao longo de $\varphi_x(t)$, donde

$$\lim_{n \to \infty} V(\varphi_x(t_n)) = \lim_{t \to \infty} V(\varphi_x(t)).$$

Assim, $V(a) = V(b)$ quaisquer que sejam a e $b \in \omega(x)$, e V é constante em $\omega(x)$. Mas, então $\dot{V} \equiv 0$ em $\omega(x)$, donde $\omega(x) = \{x_0\}$, o que prova o teorema. ∎

EXEMPLO 5.13

Consideremos o sistema:

$$\begin{cases} x' = x^3 - x - y, \\ y' = x, \qquad (x, y) \in \mathbb{R}^2. \end{cases}$$

Observe que $(0,0)$ é a única singularidade e a parte linear do sistema em $(0,0)$ tem autovalores com parte real < 0. Portanto, $(0,0)$ é assintoticamente estável. Consideremos a função $V(x, y) = \frac{1}{2}(x^2 + y^2)$. Temos $\dot{V}(x, y) = xx' + yy' = -x^2(1 - x)$. Portanto, $0 \neq |x| < 1$ implica $\dot{V}(x, y) < 0$. Seja $0 < r < 1$ e ponhamos $P = \{(x, y); x^2 + y^2 \le r\}$. Observe que P é fechado e $\dot{V} < 0$ em $P - \{(0,0)\}$. Vamos provar que P é positivamente invariante. Seja $z = (x, y) \in P$. Então $V(x, y) = \frac{1}{2}(x^2 + y^2) \le \frac{r}{2}$. Como V decresce ao longo das órbitas positivas em P, vem $V(\varphi_z(t)) \le \frac{r}{2}$, para todo $t \ge 0$, e daí $\varphi_z(t) \in P$, $\forall t \ge 0$. Do teorema acima concluímos que a bola aberta de centro em zero e raio 1 está contida na bacia de $(0,0)$.

EXEMPLO 5.14

Consideremos um pêndulo de massa m oscilando na ponta de uma linha de comprimento ℓ. Suponhamos que a força de fricção seja proporcional à velocidade do pêndulo, sendo $k > 0$ a constante de proporcionalidade. Supondo que a aceleração da gravidade é $g = -1$, o sistema que descreve o movimento do pêndulo é

$(*)$
$$\begin{cases} x' = y, \\ y' = -\dfrac{1}{\ell}\operatorname{sen} x - \dfrac{k}{m}y. \end{cases}$$

As singularidades deste sistema são $(n\pi, 0)$, $n \in \mathbb{Z}$; $(0,0)$ é uma singularidade assintoticamente estável, pois a parte linear do sistema em $(0,0)$ tem autovalores com parte real < 0. Vamos estimar o tamanho da bacia de $(0,0)$. A energia total do sistema é $E(x,y) = m\ell \left(\frac{1}{2}\ell y^2 + 1 - \cos x\right)$. E é uma função de Liapounov de $(*)$. Ainda, $E(\pm\pi, y) = \frac{1}{2}m\ell^2 + 2m\ell \geq 2m\ell$. Portanto, $E(x,y) < 2m\ell$ implica $x \neq \pm\pi$. Daí se conclui que o conjunto $P_a = \{(x,y); E(x,y) \leq a \text{ e } |x| < \pi\}$ é fechado para todo $0 < a < 2m\ell$. Ainda, P_a é positivamente invariante. De fato, seja $(x(t), y(t))$ uma órbita de $(*)$ com $(x(0), y(0)) \in P_a$. Como $\dot{E} \leq 0$, temos $E(x(t), y(t)) < a$ para todo $t \geq 0$. Ainda, $x(t) \neq \pm\pi$, $\forall t \geq 0$, donde $|x(t)| < \pi$, $\forall t \geq 0$. Portanto, $(x(t), y(t)) \in P_a$ para todo $t \geq 0$ e P_a é positivamente invariante. Em virtude do teorema acima, $P_a \subset B(0,0)$. É claro, portanto, que

$$\{(x,y); E(x,y) < 2m\ell \quad \text{e} \quad |x| < \pi\} \subset B(0,0).$$

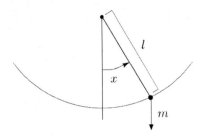

Fig. 5.3 Pêndulo

EXEMPLO 5.15
Considere o sistema
$$x' = y,$$
$$y' = -ay - bx - x^2$$

Determine os pontos de equilíbrio, suas localizações e seus tipos; dê uma descrição gráfica do retrato de fase. Use o Teorema 5.12 para estimar quantitativamente a bacia de atração do único ponto atrator. Para tanto considere $V(x,y) = y^2/2 + bx^2/2 + x^3/3$.

3. Teorema de Cetaev

DEFINIÇÃO 5.16
Um ponto singular x_0 do sistema (5.6) diz-se *instável* quando não for estável.

Por exemplo, seja A um operador linear em $\mathbb{R}^n$ que tenha algum autovalor com parte real > 0. Então zero é um ponto singular instável do sistema linear $x' = Ax$.

O teorema abaixo, devido a Cetaev, fornece um critério para a instabilidade.

TEOREMA 5.17
Consideremos um sistema autônomo (5.6) admitindo um ponto singular x_0. Seja D um domínio em Δ tal que $x_0 \in \partial D$. Suponhamos que exista uma função C^1, $V: \Delta \to \mathbb{R}$ tal que $V > 0$ e $\dot{V} > 0$ em D e $V \equiv 0$ em ∂D. Então x_0 é instável.

DEMONSTRAÇÃO
Seja B uma bola fechada com centro em x_0 e contida em Δ. Seja $x \in D \cap \text{int } B$ e suponhamos que $\varphi_x(t)$ esteja definida e contida em B para todo $t \geq 0$. Em D, V cresce ao longo das soluções de (5.6), donde $V(\varphi_x(t)) \geq V(x) > 0$ para todo $t \geq 0$ tal que $\varphi_x(t) \in D$. Conclui-se que para um compacto U disjunto de ∂D, $\varphi_x(t) \in U$ para todo $t \geq 0$ (veja a Figura 5.4). Ainda, em virtude da continuidade de V, existe $\delta > 0$ tal que $d(\varphi_x(t), \partial U) \geq \delta$, $\forall t \geq 0$. Como f e V são C^1, existem $m > 0$ para o qual $\dot{V}(\varphi_x(t)) \geq m$, $\forall t \geq 0$. Daí $V(\varphi_x(t)) > V(x) + \int_0^t m \, ds = V(x) + mt$, para todo $t \geq 0$. Entretanto, V é limitada em B, absurdo. Então, $\varphi_x(t)$ deve sair de B e x_0 é instável. ∎

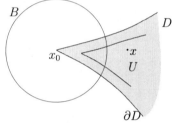

Fig. 5.4 *Teorema de Cetaev*

EXEMPLO 5.18
Consideremos o sistema em $\mathbb{R}^2$
$$\begin{cases} x' = x + ax^2 + bxy + cy^2 \\ y' = dx^2 + exy + fy^2. \end{cases}$$

Vamos provar que $(0,0)$ é uma singularidade instável. Sejam $V(x,y) = x^2 - y^2$ e $D = \{(x,y); 0 < |y| < x\}$. Temos $V > 0$ em D e $V = 0$ na fronteira de D. Ainda,

$$\dot{V}(x,y) = 2[x^2 + ax^3 + (b-d)x^2y + (c-e)xy^2 - fy^3]$$
$$= 2x^2 \left[1 + ax + (b-d)y + (c-e)\frac{y}{x}y - f\frac{y^2}{x^2}y \right].$$

Em D, o termo $ax + (b-d)y + (c-e)\frac{y}{x}y - f\frac{y^2}{x^2}y$ tende para zero quando $(x,y) \to (0,0)$. Então, existe uma bola B com centro na origem tal que $\dot{V}(x,y) > 0$ para todo $(x,y) \in D \cap B$. Em virtude do teorema de Cetaev, $(0,0)$ é instável.

166   Equações Diferenciais Ordinárias — *Jorge Sotomayor*

4. Exercícios

1. Prove que a origem é um ponto singular assintoticamente estável do sistema
$$\begin{cases} x' = -x - \dfrac{x^3}{3} - 2\operatorname{sen} y, \\[2mm] y' = -y - \dfrac{y^3}{3}, \quad (x, y) \in \mathbb{R}^2. \end{cases}$$

2. Seja $f : \mathbb{R}^n \to \mathbb{R}^n$ de classe C^1 tal que $f(0) = 0$ e $< x, f(x) > \ < 0$, $\forall x \neq 0$. Prove que $x \to |x|^2$ é uma função de Liapounov estrita para o sistema $x' = f(x)$ em $x = 0$.

3. Seja x_0 uma singularidade do sistema $(*)$ $x' = f(x)$, $f : \Delta \to \mathbb{R}^n$ de classe C^1, $\Delta \subset \mathbb{R}^n$ aberto. Seja $V : U \to \mathbb{R}$ uma função de Liapounov de x_0. Suponha que não exista trajetória de $(*)$ inteiramente contida em $Z = \{x \in U; \dot{V}(x) = 0\}$, exceto x_0. Então x_0 é assintoticamente estável.

4. Considere o sistema
$$x' = A(t)x + g(t, x), \ 0 \le t < +\infty, \ |x| < b, \ x \in \mathbb{R}^n, \qquad (*)$$
onde A e g são contínuas, $g(t, x) = o(|x|)$ uniformemente em t. Seja $\Phi(t)$ a matriz fundamental de $x' = A(t)x$ tal que $\Phi(0) = E$ e suponha que existam constantes $K > 1$ e $\mu > 0$ tais que $|\Phi(t)| \le Ke^{-\mu t}$, $t \ge 0$. Então a solução nula de $(*)$ é assintoticamente estável.

5. Seja x_0 um ponto singular de $x' = f(x)$, onde $f : \Delta \to \mathbb{R}^n$ é de classe C^1, $\Delta \subset \mathbb{R}^n$ aberto. Seja V uma função C^1 definidanuma vizinhança de x_0 tal que $\dot{V}(x) > 0$ para todo $x \neq x_0$ e $V(x_0) = 0$. Se em toda vizinhança de x_0 existe x tal que $V(x) > 0$, então x_0 é instável.

6. Seja x_0 um ponto singular de $x' = f(x)$, onde $f : \Delta \to \mathbb{R}^n$ é de classe C^1, $\Delta \subset \mathbb{R}^n$ aberto. Seja $V : U \to \mathbb{R}$ uma função de Liapounov estrita de x_0. Então, para cada $c > 0$ tal que $V^{-1}[0, c]$ é compacto, tem-se $V^{-1}[0, c] \subset B(x_0)$ (bacia de atração de x_0).

7. Sejam $\Delta \subset \mathbb{R}^n$ um aberto e $V : \Delta \to \mathbb{R}$ uma função de classe C^2. O campo gradiente associado a V é definido por
$$x' = -\operatorname{grad} V(x), \ x \in \Delta,$$

CAPÍTULO 5 — ESTABILIDADE NO SENTIDO DE LIAPOUNOV   167

onde $\operatorname{grad} V(x) = \left(\frac{\partial V}{\partial x_1}(x), \ldots, \frac{\partial V}{\partial x_n}(x)\right)$. Observe que o campo $\operatorname{grad} V$ é de classe C^1 e satisfaz

$$DV_x \cdot y = <\operatorname{grad} V(x), y>,$$

para todo $x \in \Delta$, $y \in \mathbb{R}^n$. Seja $\dot{V}$ a derivada de V ao longo das trajetórias do campo. Prove:

(a) $\dot{V}(x) \leq 0$, $\forall x \in \Delta$, e $\dot{V}(x) = 0$ se e só se x é uma singularidade de $\operatorname{grad} V$;

(b) Se x_0 é um mínimo isolado de V, então x_0 é uma singularidade assintoticamente estável de $-\operatorname{grad} V$;

(c) $-\operatorname{grad} V$ não possui trajetórias periódicas não singulares.

8. Seja $V : \Delta \to \mathbb{R}$ de classe C^2, $\Delta \subset \mathbb{R}^n$ aberto. Dado $c \in \mathbb{R}$, o conjunto $V^{-1}(c)$ é chamado superfície de nível de V. Se $x \in V^{-1}(c)$ é ponto regular (isto é, $DV_x \neq 0$), então $V^{-1}(c)$ é uma superfície C^1 de dimensão $n - 1$ em torno de x. Prove que, neste caso, $\operatorname{grad} V(x)$ é perpendicular a $V^{-1}(c)$ em x. Em cada um dos casos abaixo, esboce o gráfico de V e o retrato de fase de $-\operatorname{grad} V$.

(a) $V(x, y) = x^2 + y^2$;

(b) $V(x, y) = x^2 - y^2$;

(c) $V(x, y) = x^4 - x^2 + y^2$.

9. Sejam $V : \Delta \to \mathbb{R}$ de classe C^2, $\Delta \subset \mathbb{R}^n$ aberto, e p um ponto α-limite ou ω-limite de uma trajetória do campo $-\operatorname{grad} V$. Então, p é uma singularidade deste campo.

(Sugestão: dado $x \in \Delta$, prove que V é constante em $\alpha(x)$ e em $\omega(x)$.)

10. Considere uma partícula movendo-se sob a influência de uma função potencial $P : \Delta \to \mathbb{R}$, de classe C^2, $\Delta \subset \mathbb{R}^3$ aberto. O sistema dinâmico correspondente é

$$\begin{cases} x' = v, \\ v' = -\operatorname{grad} P(x), \quad (x, v) \in \Delta \times \mathbb{R}^3. \end{cases} \tag{$*$}$$

Prove o teorema de Lagrange, segundo o qual uma singularidade $(x_0, 0)$ de $(*)$ é estável se x_0 for um mínimo local estrito de P.

11. Seja A uma matriz real $n \times n$ cujos autovalores $\lambda_1, \ldots, \lambda_n$ satisfazem $\lambda_i + \lambda_k \neq 0$, $\forall i, k$. Seja $S(\mathbb{R}^n)$ o conjunto das matrizes simétricas reais $n \times n$ e consideremos o operador $T : S(\mathbb{R}^n) \to S(\mathbb{R}^n)$ dado por $T(B) = A^t B + B A$, onde A^t é a transposta de A. Prove que T é sobrejetiva. Conclua que existe $B \in S(\mathbb{R}^n)$ tal que a forma quadrática $V(x) = <x, Bx>$ satisfaz $\dot{V}(x) = -|x|^2$, onde $\dot{V}$ é a derivada de V ao longo das trajetórias de $x' = Ax$. Ainda, se

$\operatorname{Re}\lambda_i < 0$, $1 \le i \le n$, então $V(x) > 0$ para todo $x \ne 0$.

(Sugestão: Observe que T é linear. Seja $B \ne 0$ tal que $T(B) = \mu B$. Então $(A^t - \mu I)B = -BA$, donde $A^t - \mu I$ e $-A$ têm um autovalor comum. Conclua que $\mu \ne 0$.)

12. Seja $f : \mathbb{R}^n \to \mathbb{R}$ de classe C^1 tal que $f(0) = 0$. A solução $0 \in \mathbb{R}^n$ diz-se globalmente estável quando for estável e $\lim_{t\to\infty} \varphi(t) = 0$ para toda solução $\varphi(t)$ de

$$x' = f(x). \tag{$*$}$$

Seja $V : \mathbb{R}^n \to \mathbb{R}^n$ uma função de Liapounov estrita para $(*)$ em 0. Suponha que para cada $c > 0$ dado exista $R > 0$ tal que $|x| > R$ implica $V(x) > c$, $\forall x \in \mathbb{R}^n$. Então, 0 é uma solução globalmente estável de $(*)$. Observe que não é necessária a condição $\{x \in \mathbb{R}^n; V(x) = 0\} = \{0\}$. É suficiente supor que este conjunto não contém trajetória inteira de $(*)$ distinta de $x(t) \equiv 0$.

13. Mostre que toda forma quadrática $V : \mathbb{R}^n \to \mathbb{R}$ definida positiva satisfaz à condição: dado $c > 0$, existe $R > 0$ tal que $|x| > R$ implica $V(x) > c$. Prove novamente que a solução nula é globalmente estável para $x' = Ax$, onde A é um operador linear em $\mathbb{R}^n$ cujos autovalores têm parte real < 0.

14. Seja $f : \mathbb{R} \to \mathbb{R}$ de classe C^1 tal que $f(0) = 0$. Considere o sistema

$$\ddot{x} + a\dot{x} + f(x) = 0, \quad x \in \mathbb{R}. \tag{$*$}$$

Se $a > 0$ e $f(x)x > 0$, $\forall x \ne a$, então a solução nula é uma solução assintoticamente estável para o sistema $(*)$ (isto é, para o sistema de primeira ordem associado). Se $f(x)/x > \varepsilon > 0$, $\forall x \ne 0$, então a solução nula é globalmente estável.

(Sugestão: Tome $V(x, y) = y^2 + 2\int_0^x f(x)\mathrm{d}x$.)

15. Considere a equação

$$\ddot{x} + g(x)\dot{x} + f(x) = 0, \quad x \in \mathbb{R}. \tag{$*$}$$

Sob quais condições em f e g a solução nula é globalmente estável?

(Sugestão: Transforme $(*)$ no sistema

$$\dot{x} = y - \int_0^x \varphi(x)\mathrm{d}x, \quad \dot{y} = -f(x),$$

usando a mudança de variáveis $y = \dot{x} + \int_0^x \varphi(x)\mathrm{d}x$. Proceda então como no exercício 14.)

Capítulo 5 — Estabilidade no sentido de Liapounov 169

16. Seja p uma singularidade da equação Lipschitziana

$$\dot{x} = f(x), \quad x \in U \subset \mathbb{R}^n.$$

(a) Se p é estável, prove que não existe q tal que $p \in \alpha(q)$. Se $p \in \omega(q)$ prove que $\omega(q) = \{p\}$.

(Sugestão: Se $p \in \alpha(q)$, existem $t_n \to +\infty$ tais que $\varphi(-t_n, q) \to p$. Sejam $z_n = \varphi(-t_n, q)$ e W uma vizinhança de p tal que $q \notin W$. Então $\varphi(t_n, z_n) = q \notin W$. Deduza que p não é estável. Se $p \in \omega(q)$ e $p_1 \neq p$ com $p_1 \in \omega(q)$, existem $t_n \to +\infty$ tais que $\varphi(t_n, q) \to p_1$ e $s_n \to +\infty$ tais que $s_n < t_n$ e $\varphi(s_n, q) \to p$. Seja $z_n = \varphi(s_n, q)$. Então, se W é uma vizinhança de p tal que $p_1 \notin W$, como $\varphi(t_n - s_n, z_n) \to p_1$ resulta $\varphi(t_n - s_n, z_n) \notin W$ para todo n suficientemente grande.)

(b) Se p é assintoticamente estável, prove que existe uma vizinhança W de p tal que $\alpha(q) \cap W \neq \emptyset$ implica $q = p$.

(c) Suponha $n = 2$. Se p é uma singularidade isolada estável e não assintoticamente estável, então toda vizinhança de p contém uma órbita periódica não trivial.

17. Considere a equação Lipschitziana $\dot{x} = f(x)$, $x \in U \subset \mathbb{R}^m$. Seja $V : U \to \mathbb{R}^m$ tal que $< \operatorname{grad} V(x), f(x) > \leq 0$ para todo x.

(a) Prove que $V(\varphi(t_1, p)) \leq V(\varphi(t_2, p))$ para todo p, se $t_1 \geq t_2$;

(b) Prove que $p \in \omega(q)$ implica $V(p) \leq V(q)$;

(c) Prove que todo conjunto limite está contido no conjunto

$$\Sigma = \{x; < \operatorname{grad} V(x), f(x) >= 0\}.$$

(Sugestão: Se $p \in \omega(q)$ e $< \operatorname{grad} V(p), f(p) >> 0$, existe $t_0 > 0$ tal que $V(\varphi(t_0, p)) < V(p)$. Então, existe $\varepsilon > 0$ tal que $|x - p| < \varepsilon$ implica $V(\varphi(t_0, x)) < V(p)$. Seja $T > 0$ tal que $|\varphi(T, q) - p| < \varepsilon$. Então $V(\varphi(t_0 + T, q)) = V(t_0, \varphi(T, q)) < V(p)$, e daí

$$p \in \omega(\varphi(t_0 + T, q)) = \omega(q).)$$

Referências Bibliográficas

[1] A. ANDRONOV, E. LEONTOVICH ET AL, Theory of Bifurcations of Dynamic Systems on a Plane. Jerusalem, Israel Program of Scientific Translations, 1973.

[2] V. ARNOLD, Equações Diferenciais Ordinárias. Moscou: Editora Mir, 1985.

[3] C. CHICONE, Ordinary Differential Equations with Applications. New York: Texts in Appl. Math. **34**, Springer Verlag, 1999.

[4] F. U. COELHO E M.L. LOURENÇO, Um Curso de Álgebra Linear. São Paulo: Editora Edusp, 2001.

[5] E.A. CODDINGTON E N. LEVINSON, Theory of Ordinary Differential Equations. New York: McGraw–Hill Book Co., 1955.

[6] F. DUMORTIER, J. C. ARTES E J. LLIBRE, Qualitative Theory of Planar Differential Systems. New York: Spinger Verlag, Univeristext, 2006.

[7] M.J. GREENBERG AND J. HARPER, Algebraic Topology: A First Course. New York: Westview Press, 1982.

[8] R. GARCIA E J. SOTOMAYOR, Differential Equations of Classical Geometry, a Qualitative Theory, 27th Brazilian Math. Colloquium, Rio de Janeiro, IMPA, 2009.

[9] C. GUTIERREZ E J. SOTOMAYOR, Lines of Curvature and Umbilic Points on Surfaces, 18th Brazilian Math. Colloquium, Rio de Janeiro, IMPA, 1991. Reimpresso e atualizado como Structurally Stable Configurations of Lines of Curvature and Umbilic Points on Surfaces, Lima, Monografias del IMCA, 1998.

[10] P. HARTMAN, Ordinary Differential Equations. New York: J. Wiley & Sons Inc., 1964.

[11] K. HOFFMAN E R. KUNZE, Algebra Linear. São Paulo: Editora Polígono SA, 1971.

[12] S. LANG, Analysis II, Addison - Wesley, 1969.

[13] E. LIMA, Espaços Métricos, Rio de Janeiro: IMPA–CNPq, Col. Proj. Euclides, 1977.

[14] E. LIMA, Análise Real, Vol. 1. Rio de Janeiro: IMPA–CNPq, Col. Mat. Univ., 1989.

[15] E. LIMA, Análise Real, Vol. 2. Rio de Janeiro: IMPA–CNPq, Col. Mat. Univ., 2004.

[16] E. LIMA, Curso de Análise, Vol. 2, Rio de Janeiro: IMPA–CNPq, Col. Proj. Euclides, 1981.

[17] J. PALIS E W. DE MELO, Geometric Theory of Dynamical Systems: An Introduction. New York: Springer-Verlag, 1982.

172   EQUAÇÕES DIFERENCIAIS ORDINÁRIAS — *Jorge Sotomayor*

[18] M. C. PEIXOTO E M. M PEIXOTO, Structural Stability in the Plane with Enlarged Boundary Conditions. An. Acad. Bras. Cien. **31**, (1959), 135-160.

[19] L.S. PONTRJAGIN, Ordinary Differential Equations, Reading, Mass: Addison–Wesley, 1962.

[20] R. ROUSSARIE, Bifurcation of Planar Vector Fields and Hilbert's Sixteenth Problem, Basileia: Birkhäuser - Verlag, 1989.

[21] J. SOTOMAYOR, Smooth Dependence of solutions of Differential Equations on Initial Data: A Simple Proof, Bol. Soc. Bras. Mat. **4** (1973), 55–59.

[22] J. SOTOMAYOR, Singularidades de Aplicações Diferenciáveis, Curso proferido no 3ra ELAM. Rio de Janeiro: IMPA, 1976.

[23] J. SOTOMAYOR, Lições de Equações Diferenciais Ordinárias, Rio de Janeiro: Projeto Euclides, IMPA- CNPq, 1979.

[24] J. SOTOMAYOR, Curvas Definidas por Equações Diferenciais Ordinárias, Rio de Janeiro: Curso proferido no 13° Colóquio Brasileiro de Matemática, IMPA- CNPq, Poços de Caldas, 1981.

[25] J. SOTOMAYOR, R. GARCIA, Saddle Funnels of Vector Fields in the Plane, Progress in Nonlinear Science, Proc. Intern. Conf. 100th Anniv. of A.A. Andronov, Vol. I, Inst. of Appl. Physics, RAS, 2002, Nizhny Novgorod, Russia.

[26] J. SOTOMAYOR, L. F. MELLO E D. DE C. BRAGA, Bifurcation analysis of the Watt governor system. Comput. Appl. Math., **26** - **1** (2007), 19-44.

[27] J. SOTOMAYOR, On the motion under focal attraction in a rotating medium, Bull. Belg. Math. Soc. - Simon Stevin **15** (2008) 921-925.

[28] H. K. WILSON, Ordinary Differential Equations. Addison - Wesley, 1971.

Índice Remissivo

amortecido, 73
Arzelá, 19
atrito, 71
autônoma
    equação diferencial, 91
autônomos
    sistemas, 89
campo de vetores, 90
    rodado, 152
capacitância, 74
Cauchy, Problema de, 7
centro, 55
ciclo
    estável, 111
    instável, 111
    limite, 109
    semiestável, 111
circuito elétrico, 74
conjugação
    de campos de vetores, 103
    de sistemas lineares, 57
conjunto
    α-limite, 131
    ω-limite, 131
    invariante, 80, 113, 116
Contração, Lema da, 15
corrente, 74
curva integral, 90
diferenciabilidade do fluxo, 93
diferenciabilidade global do fluxo, 97
diferenciabilidade local do fluxo, 95
equação
    autônoma, 10
    de Bernoulli, 26
    de Lienard, 143

de ordem superior, 7, 22
de Riccati, 27
de van del Pol, 145
de variáveis separáveis, 12
diferencial de primeira ordem, 7
diferencial linear, 37
linear homogênea, 38
equicontinuidade, 19
equivalência
    diferenciável, 102
    topológica, 102
estabilidade
    índice, 65
    estrutural, 90
    estrutural de sistemas lineares, 87
Estabilidade de Lyapounov, 4
estacionária, 74
estável
    órbita, 158
    assintoticamente, 158
    no sentido de Liapounov, 157
    polinômio, 85
exponencial de matiz, 47
Floquet, 88
fluxo, 90, 92
foco, 55
Frenet, 76
fricção, 72
funil, 124
Gronwall, 34
Hamiltoniano, 115
hiperbólico, 65
    ponto singular, 107
Hooke, lei de, 72
indutância, 74

174 Equações Diferenciais Ordinárias — *Jorge Sotomayor*

integral primeira, 115
intervalo máximo, 91
Jordan
  Forma Canônica de, 59
  Teorema da Curva de, 138
Liapounov
  critério de, 161
  função de, 161
Lipschitz
  aplicação de, 15
  constante de, 15
Lotka, 121
matriz
  fundamental, 43, 44, 52, 75
Newton, segunda lei de, 72
nó, 54, 123
oscilações
  do tubo de vácuo, 155
  forçadas, 73
  mecânicas e elétricas, 71
platelmintos fototrópicos, 153
Poincaré, Transformação de, 108
polinômio característico, 82
polinômio estável, 85
ponto cuspidal, 124
ponto regular, 90
ponto singular, 90
Regulador de Watt, 157
resistência, 74
ressonância, 74
retrato de fase, 89, 101, 106, 122
rotação de um campo vetorial, 151
Routh - Hurwitz, 85
sela, 54, 123
separatriz, 123
singularidade
  assintoticamente estável, 163
sistema
  autônomo, 161
  bidimensional simples, 53

sistemas
  dinâmicos, 90
  lineares complexos, 69
subespaço estável, 65
subespaço instável, 66
superfície regular, 152
Teorema
  da contração nas fibras, 93
  da Divergência, 146
  da Função Inversa, 105
  das Funções Implícitas, 109
  de Andronov e Pontrjagin, 153
  de Peixoto, 153
  de Sard, 152
  Fundamental da Teoria das Curvas, 75
  Fundamental do Cálculo, 10
Teorema de
  Arzelá, 19
  Cetaev, 164
  Hartman-Grobman, 107
  Kneser, 29
  Lienard, 143
  Montel, 34
  Peano, 7, 19
  Picard, 7, 16
  Poincaré – Bendixson, 4, 131, 136
  Poincaré - Bendixson na Esfera, 141
Teorema do
  fluxo tubular, 104
  Valor Médio, 15
trajetória, 90
Transformação de Poincarè
  derivada com relação a um parâmetro, 128
Transformação de Poincaré, 108
  derivada, 111, 128
transiente, 74
variação dos parâmetros, 44, 79
voltagem, 74
Volterra, 121

Comissão editorial	Prof. Dr. Francisco César Polcino Milies – *Presidente*
	Prof. Dr. Flávio Ulhoa Coelho – *MAT*
	Prof. Dr. Roberto Marcondes Cesar Junior – *MAC*
	Prof. Dr. Adilson Simonis – *MAE*
	Prof. Dr. Jorge Manuel Sotomayor Tello – *MAP*
	Prof. Dr. Sérgio Alves – *CAEM*

USP	Universidade de São Paulo
Reitor	João Grandino Rodas
Vice-reitor	Hélio Nogueira da Cruz

IME	Instituto de Matemática e Estatística
Diretor	Prof. Dr. Flávio Ulhoa Coelho
Vice-diretor	Prof. Dr. Carlos Eduardo Ferreira

Título	**Equações Diferenciais Ordinárias**
Produção	José Roberto Marinho
Projeto gráfico e composição	Casa Editorial Maluhy & Co.
Capa	Typodesign
Formato	16 x 23 cm
Tipologia	Utopia